Microclimatic LANDSCAPE DESIGN

친환경 조경설계

Robert D. Brown · Terry J. Gillespie
김봉원 · 이시영 공역

Creating Thermal Comfort and Energy Efficiency

WILEY
도서출판 동화기술

MICROCLIMATIC LANDSCAPE DESIGN

Creating Thermal Comfort and Energy Efficiency

Robert D. Brown and Terry J. Gillespie

Illustrated by Susan Guy

머리말

"**친환경 조경설계**"는

도시환경 속에서 미기후를 고려하여 친환경적 조경공간을 조성하고자 하는 **설계가 및 관련전문가**들을 위해 마련된 전문서적이다.

본서는 **설계가**들로 하여금 기상학적으로 사람들이 활동하기에 가장 쾌적한 공간을 조성하도록 자연환경 속에서 이끌어낼 수 있는 방법들을 제시해준다. 에너지를 절감하고, 쾌적성 높은 공간조성에 대한 알기 쉬운 설계기법이나 명확한 과학적 근거를 제시하고 있다.

본서에서는 다음과 같은 친환경적 가이드라인들을 종합적으로 설명하고 있다.

첫째, 미기후의 **기본원칙**들을 **설명**해주고, 경관 내에서 어떠한 인자들이 미기후를 발생시키며 기상에 영향을 미치는지를 설명해준다.

둘째, 복사 · 바람 · 온도 · 습도 · 강수를 포함한 미기후의 **기본변수**들을 조작할 수 있는 방법들을 설명한다.

셋째, 다양한 기상조건 하에서 성공적으로 쾌적한 공간을 조성할 수 있는 **방법들을 제시**해준다.

넷째, 건물의 에너지 사용에서 에너지 평형과 **경관에 미치는 영향**을 설명한다.

다섯째, 개인의 열쾌적성과 흡수된 태양복사량을 산출하고 경관 내에서 바람을 추정하는 **유용한 공식**들을 알려준다.

따라서 본서는 **조경가, 건축가, 도시계획가 및 모든 환경설계가**들에게 건축물을 가열하거나 냉각시키는 요소들을 찾아 그 영향을 감소시키고, 외부공간을 더욱 쾌적하게 향상시킬 수 있는 간결하고 실질적이며, 필수적인 **가이드라인**들을 제시해줄 것이다.

들어가면서

미기후란 (MICROCLIMATE)

■ **소규모 외부공간에서 태양과 지구 복사, 바람, 기온, 강우 등의 물리적 상태를 말한다.**

이 책에서는 미기후가 조경설계에 어떻게 영향을 미치는지를 이해할 수 있도록 미기후의 주요 구성요소와 특성들을 소개한다. 미기후를 이해하는 방법 중 하나는 큰 틀 속에서 특정 사례들의 분석을 통해 시작하는 것이다. 여기에서는 이 책의 주요 내용과 미기후를 고려하여 조경설계를 할 때 꼭 알아야 할 사항들을 단계별로 상세하게 설명하였다. 일단 이 글에서 설명하는 내용을 읽어보고 미기후의 영향을 생각해 본다면 앞으로 각 장에서 설명할 세부 내용들에 대한 기초적인 틀을 가지게 될 것이다.

독자 성향에 따라, 세부사항을 이해한 다음 전체 윤곽을 종합해가는 학습방법을 선호한다면 1~9장을 먼저 읽고 난 후에 이 부분을 읽어보는 것도 한 방법일 것이다.

여기에 서술한 각 내용들은 경관에 대한 정보를 이해하기 위하여 일반적인 경우로부터 특수한 사항까지 구성되어 있어 어느 정도 유사한 방법으로 경관에 관한 정보를 찾아 볼 수 있다. 예를 들어, 경관과 친숙해지기 위한 방법으로 먼저 부지의 전체적인 상황을 이해할 수 있는 인공위성자료부터 살펴본다. 그런 다음, 보다 상세하게 살펴볼 수 있는 항공사진과 지도를 검토하고 대상지를 직접 방문, 차량을 타고 부지를 조사한다. 최종적으로는 부지를 보다 자세하게 이해하기 위해서 경관 속을 거닐어 보는 것이다. 이와 같은 방법으로 부지를 살펴봄으로써 필요한 정보와 해결해야 할 문제를 파악하게 된다. 이 책의 각 장에서는 이러한 방법으로 전체윤곽을 파악할 수 있도록 단계별로 상세하게 설명하였다.

인공위성 자료판독

미기후를 고려한 조경설계를 하기 위해서는

(1) 기후에 관한 일반적인 지식과
(2) 경관구성 요소에 의해 만들어진 미기후를 이해하고
(3) 조경설계를 통해 쾌적한 환경과 건물의 에너지 효율성을 높일 수 있는 다양한 방법들을 알아야 한다.

인공위성자료로 지역 전체를 살펴볼 수 있고 지역상황을 파악할 수 있다. 이 자료를 통하여 미래 상황을 예측할 수 있다.

항공사진 자료판독

일반적으로 미기후는 지역의 기후와 경관구성 요소들간 상호작용에 의해 발생된다. 미기후학자들은 이와 같은 상호작용을 기온, 풍속, 태양복사, 상대습도 등의 영향이라고 설명하고 있다. 조경가는 설계를 통해 경관구성요소들을 배치하기 때문에 미기후에 큰 영향을 줄 수 있다. 또한, 미기후는 인간의 열 쾌적성과 건물

의 냉·난방에 필요한 에너지에 많은 영향을 미친다.

이 책에서는 경관을 구성하는 여러 요소들이 미기후의 구성요소에 어떻게 영향을 미치는 지를 설명할 것이며, 더불어 사람의 열 쾌적성과 에너지 효율성을 최대로 높일 수 있도록 조경설계에 적용할 수 있는 자료 이용방법들도 제시할 것이다.

항공사진은 부지를 보다 세밀하게 검토할 수 있게 해주며, 부지 주변상황과 서로 어떻게 관계되어 있는지를 보여준다.

차량 조사

미기후를 고려한 설계에는 이해와 적용이라는 두 가지 개념이 필요하다. 먼저 미기후 요소가 경관구성요소에 의해 어떻게 조작되는지를 개념적으로 이해해야 한다. 예를 들어, 바람과 태양 복사는 경관구성요소에 영향을 크게 받으며, 기온과 습도는 경관구성요소에 미치는 영향이 일정하지 않다. 또한, 사람의 열 쾌적성과 건물의 에너지 이용 측면에서 미기후가 사람들의 이용에 미치는 영향도 파악해야 한다.

미기후를 이해하려면 먼저 지구의 대기 순환시스템의 작동원리를 이해해야 한다. 대기과학은 전체적인 체계를 개략적으로 살펴보기에 좋은 학문이며, 태양에너지와 지구운동 에너지로부터 지구의 기상·기후가 발생되는 원리를 설명해준다. 이러한 전 지구적 차원의 관점은 기상과 경관구성요소들(나무, 건물, 피복상태 등)간의 상호작용에 대해 이해함으로써 이를 지역적 차원에 적용할 수 있는 것이다.

차를 타고 다니며 하는 조사는 사물들을 3차원으로 볼 수 있다. 그러나 "큰 틀"을 파악하기에는 좋지만 경관은 여전히 멀리 있으며 아주 빨리 지나치게 된다.

일반적으로 과학에서는 문제에 대한 명확한 답을 얻기 위하여 분석(주제를 구성요소로 분류하고 적용방법을 검토)하고, 이를 종합(구성요소들을 조합)하는 일련의 과정을 수행한다. 이는 미기상학에서도 주로 사용되는 일반적인 방법론이다. 대체적으로 미기후는 매우 복잡하고 변화무쌍하므로 미기후를 이해하는 가장 좋은 방법은 각 구성요소를 파악하는 것이다. 이들 요소가 바로 기후 조절에 사용되는 일반적인 경관조작요소들이다.

미기후를 조사하는 또 다른 방법으로 에너지평형(energy budget)[1]개념을 들 수 있다. 예를 들어, 일반 가정의 예산을 생각해 보자. 대부분의 사람들은 주택, 음식, 그리고 옷과 같은 생필품을 우선 지출항목으로 예산을 세운다. 그 나머지를 저축이나 여가활동에 사용한다. 같은 방식으로, 일정 경관 내에서의 미기후는 '에너지 평형'이라는 예산모델로서 생각할 수 있다. 부지는 일반적으로 태양복사에너지와 같은 형태의 이용 가능한 일정 에너지량을 갖고 있으며, 이 에너지량은 여러 경로의 에너지 '흐름'으로 분할된다. 태양복사에너지의 경우 대지를 데운다든지 물을 증발시키는데 이용하고 남은 에너지가 미기후에 영향을 미치며, 이러한 에너지가 분할되는 방법을 통해 미기후에 영향을 주게 되는 것이다. 예를 들어, 어떤 경관이 매우 건조한 상태라면 이곳에서는 수분을 증발시키는 에너지가 필요 없는 대신, 많은 에너지가 지표를 데우거나 기온을 높이는데 쓰인다. 반대로, 아주 습한 경관은 많은 에너지가 증발에 이용되기 때문에 지표와 기온을 높이는데 쓰이는 에너지량은 적을 것이다.

"에너지 평형개념"은 사람과 건물에도 적용될 수 있다. 개인이 이용할 수 있는 에너지는 태양복사에너지와 신진대사에너지(신체에서 발생한 열)이다. 미기후로 인한 에너지 손실은 평형방정식으로 설명할 수 있다. 모든 에너지의 투입과 산출을 종합한 값은 사람이 경관에서 어느 정도 쾌적한 온열상태에 있는지를 알려준다. 그 값이 0을 기준으로 아주 높다면, 그 사람은 소비하는 에너지보다 훨씬 많은 에너지를 흡수하여 과열상태가 되므로 불쾌감을 느끼고 있음을 뜻한다. 따라서 경관은 쾌적하고 온난한 미기후를 갖도록 재설계되어야 할 것이다.

유사한 사례로, 주택의 에너지평형은 경관에서 실내온도를 일정하게 유지하는데 필요한 에너지량을 나타낸다. 미기후를 고려한 설계로 이러한 에너지 요구량을 증가시키거나 감소시킬 수 있다.

---

1) 'Energy Budget'의 번역용어로 에너지 수지라는 용어를 사용하고 있으나 수입과 지출이 같은, 즉 에너지 흐름의 측면에서 투입량과 산출량의 합이 0이 되는 개념으로 파악하여 '에너지 평형'이라는 용어를 사용하였다.

먼저 기본적인 미기후의 메커니즘을 이해하고 나면 경관구성요소들이 미기후에 어느 정도 영향을 미치는가에 관심을 갖게 될 것이다. 조경가에 의해 행해지는 모든 "수단"들은 미기후에 영향을 줄 수 있다. 따라서 미기후에 영향을 주는 것과 주지 못하는 것을 파악하는 것은 매우 중요한 사항이다.

조경설계를 통해서 가장 쉽게 조작할 수 있는 미기후 요소는 **바람(wind)**, **태양복사(radiation)**, **강수량(precipitation)**이다. 상황에 따라 기온과 상대습도를 변화시켜 인간에게 쾌적한 온열상태나 건물의 에너지이용에 영향을 주거나 변화를 줄 수도 있지만, 일반적으로 바람과 태양복사에 중점을 두는 것이 효과적이다. 비(강우)는 사람의 열 쾌적성에 중요한 요소이나 건물 현관의 포치나 돌출구조물과 같은 아주 단순한 방법으로 처리하곤 한다. 눈도 매우 중요하나 바람에 의해 영향을 많이 받으므로 바람을 조작함으로써 대부분 조절할 수 있다.

지표나 지상의 모든 경관구성요소들은 바람과 태양복사에 영향을 준다. 이 영향들 중 어떤 것이 사람의 열 쾌적성과 건물의 에너지 이용을 변화시키는데 중요한 요소인지를 파악해야 한다. 예를 들어, 지면의 상태는 풍속에 영향을 준다. 평탄한 지면은 마찰력이 적으므로 바람의 속도를 증가시키고, 지표면을 거칠게 하면 바람의 속도를 감소시킬 수도 있다. 이러한 풍속의 차이를 측정할 수는 있지만, 일반적으로 사람의 열 쾌적성이나 건물의 에너지이용에 영향을 줄만큼 크지 않으므로 종종 무시되곤 한다. 그러나 상록수 열식에 의한 방법으로 풍속을 감소시켜 사람들의 열 쾌적성에 큰 영향을 주고 추운 겨울에 건물의 난방 에너지를 절약할 수 있다. 이와 같이 우리는 주변환경에 영향을 미칠 수 있는 설계능력을 발휘해야 한다.

우리는 경관 구성요소들이 바람과 태양에 미치는 영향과 그 과정을 설명함으로써 설계에 적용할 수 있는 유용한 정보들과 이를 활용할 수 있는 설계도구들을 제시할 것이다. 또한, 이 정보를 활용할 수 있는 주변 상황에 대한 이해도 필요할 것이며, 조경설계

과정과 통합될 수 있는 설계틀과 방법도 있을 것이다. 이 밖의 다른 평가기법들도 완성된 설계안을 변경해보거나 구체적으로 검토해봄으로써 미기후를 고려한 설계에 적용할 수 있다.

여기에서 제시된 여러 사례들을 통해 미기후를 고려한 설계의 장·단점을 파악할 수 있으며, 실제 설계에서 활용되어야 하는 기법들을 이해하게 될 것이다.

도보관찰 조사

1. 개념적 틀

우리가 외부로 나가게 되면 언제든지 미기후를 경험하게 된다. 우리의 신체는 쾌적한 미기후에 편안한 느낌을 갖도록 반응하므로 불쾌한 경관보다는 쾌적한 경관에서 많은 시간을 보내려고 한다.

미기후는 기후와 경관구성요소가 상호작용한 결과인데 이는 설계가의 노력으로 조절될 수 있다. 오래 전부터 지역특성을 고려하여 미기후를 조절한 설계사례들을 많이 볼 수 있다.

과거에 만들어진 훌륭한 미기후 설계사례들을 분석함으로써 현재의 설계에 도움을 받을 수 있다.

예로부터 전해오는 설계사례로서 사계절 활용되는 북반구의 외부생활공간은 남향이며(남반구에서는 반대), 햇빛가리개는 겨울철 낮은 고도의 태양광선을 받아들이는 반면 여름철에 높은 고도의 태양광선을 차단하기 위한 것임을 알 수 있다. 현대의 미기후 설계사례들도 우리들의 설계 안목을 높이기 위해 분석될 수 있다. 서늘하거나 추운 계절에 이용하는 외부공간은 바람을 차단하여야 하나, 바람을 막지 못하면 이용성이 현저히 떨어지게 된다.

과거나 현재의 설계사례로부터 얻은 소중한 교훈이라도 모든 상황에 적용할 수 있는 법칙은 없다. 일단 미기후에 대해 어떤 설도보관찰 조사는 사물을 근접해서 관찰할 수 있으며, 필요한 어느 곳에서나 멈춰 서서 식물종을 구별할 수 있을 정도로 아주 세밀하게 관찰할 수 있다.

계결정을 내리기 전에 그 지역의 이용계획과 이용시간을 고려해야 한다. 우리가 꼭 명심해야 할 것은 여기에서 보여주는 일반적인 가이드라인이 모든 상황에서 항상 적절하게 운용되지는 않을 것이라는 것이다.

2. 대기체계의 이해

미기후를 이해하기 위해서는 먼저 기상조건의 발생과 변화에 대한 지식이 필요하다. 지구의 날씨는 태양에너지와 지구의 자전현상으로 인해 발생한다. 기상체계를 예측할 수 있게 되어 각 체계들이 지닌 날씨의 특성을 어느 정도는 알 수 있게 되었고, 대기에 작용하는 힘을 본질적으로 이해함으로써 설계요소의 결정에 의한 미기후의 영향들을 예측할 수 있게 되었다.

지구와 태양과의 관계에서 기상에 영향을 크게 주는 두 가지 특성이 있다. 첫 번째, 지구는 태양과 달리 비스듬히 기울어져 있기 때문에 극지역은 항상 태양과 가까워지거나 멀어진다는 점이다. 이는 지구의 북반구가 겨울이라면 남반구는 여름이 되도록 한다. 두 번째, 지구는 북극과 남극을 중심축으로 자전한다는 점이다. 대기는 지구표면과 맞닿아 있지 않으나 중력으로 인해 지구와 결합되어 있다. 지구가 자전하는 동안 대기도 함께 움직이지만, 이 움직임이 지구의 운동과 정확히 같지 않기 때문에 바람이 생겨난다. 따라서 기울기와 지구자전이 지구의 날씨를 만들어낸다.

기상학은 날씨체계를 연구하는 것으로서, 연중 또는 몇 년간의 기상은 기후학으로 설명할 수 있다. 여기에서 연평균 기온, 겨울의 주풍향 등과 같은 지표가 산출되며 이 지표는 동등한 지역에서 나타나는 공통적인 특성들이다.

3. 미기후학과 에너지 평형

기상시스템과 기후발생은 대규모 지역의 지구표면이 동시에 비슷한 날씨를 보여주는, 규모가 큰 범위에서 정의할 수 있다. 그러나 지역의 날씨는 그 지역의 다양한 경관과 상호작용하여 지역만의 독특한 기후를 갖기도 한다. 즉, 시속 25킬로미터의 서풍은 그 지역 내 다른 곳에서는 시속 10킬로미터의 북풍으로 느껴질 수도 있다. 우세한 조건과 지역 상황간의 차이를 이해하는 것이 미기후를 고려하는 설계에 대단히 중요하다. 바로 이러한 차이를 설계로 해결하고자 한다.

미기후에 대한 경관의 영향을 설명하는 방법들은 많이 있다. 가장 효과적인 방법 중 하나는 에너지 평형과정을 작성하여 경관에 유입되고 통과하는 에너지 흐름을 계산하는 방법이다. 이는 방정식이나 메커니즘을 파악하여 간단하게 작성할 수 있다. 경관에 유입되는 에너지원은 태양에너지이며 보통 태양복사로 유입된다. 태양복사는 물체의 크기, 위치, 방위, 물의 유무, 식생의 규모와 유형, 식생상태 등 지표면의 특성과 요인에 따라 경관에 분배된다. 복사에너지는 물체에 저장될 수 있고, 물을 증발시키며, 지구복사로 재복사 되거나 기온을 높이는데 사용된다. 이와 같이 각각의 작용에 이용된 상대적인 에너지의 비율이 미기후에 크게 영향을 미친다.

4. 조경설계와 인간의 열 쾌적성

조경설계 분야에서 미기후를 연구하는 가장 큰 이유는 쾌적한 거주지를 만들기 위함이다. 본질적으로 경관이 쾌적하지 못하다면 사람들은 이용하지 않을 것이다.

에너지 평형은 인간에게 필요한 열 쾌적성을 이해하는 방식에서도 적합한 방법이다. 인간에게 유입되거나 유출되는 에너지의 흐름은 평가할 수 있으므로 에너지 평형값은 어떤 미기후에서 사람이 얼마나 쾌적하게 느끼는가를 나타내는 측정값이다. 예를 들어, 손실보다 받아들인 에너지가 많은 플러스(+)적인 에너지 평형값은 사람이 더운 느낌을 받는 반면에, 마이너스(−)적인 에너지 평형값은 사람이 추운 느낌을 받음을 의미한다. 따라서 열이 남지도 부족하지도 않은 0에 가까운 에너지 평형값을 갖는 미기후를 유지하도록 대기와 상호작용할 수 있는 경관을 조성하는 것이 목표이다. 사람의 에너지 평형을 설명하는데도 이러한 방정식을 사용할 수 있다.

한편, 어느 미기후 구성요소는 조경설계를 통해 아주 쉽게 조작될 수 있는 반면, 어떤 요소들은 조작하기가 매우 어렵기도 하다. 따라서 바로 조작이 용이한 요소로서 쾌적성에 큰 영향을 주는 태양복사와 바람의 설계조작에 중점을 두어야 한다. 기온과 습도는 쾌적성에 큰 영향을 주나 조경설계로 조작하기 쉽지 않기 때문에 태양복사나 바람을 조절하는데 보다 집중하는 것이 바람직하다.

5. 건물의 에너지 보존

조경설계에서 미기후를 고려해야 하는 또 다른 중요한 이유는 건물에 사용되는 에너지 이용을 최소화하는 것이다. 이러한 이슈는 이른바 에너지 위기를 겪었던 1970년대에 매우 중요했었고, 앞으로도 그 중요성이 지속적으로 증대될 것이다. 경관은 건물의 에너지 이용에 큰 영향을 미친다. 인간의 에너지 평형은 건축물로 결정되고 에너지 흐름은 방정식으로 설명된다. 다시 말해서 에너지 이용은 경관으로 가장 많이 조절되며, 태양복사와 바람이 가장 필수적인 요소이다.

6. 복사 조절

태양복사가 인간의 열 쾌적성과 건물의 에너지 이용에 큰 영향을 준다는 것은 우리 모두 잘 알고 있는 사실이다. 경관에서 태양복사를 조절할 수 있는 방법들은 많이 있다. 일반적으로 태양복사는 두 가지 형태로서 태양이 방출한 태양복사와 지구 위의 물체가 방출하는 지구복사이다. 태양복사의 유형들을 경관구성요소로 어떻게 조작할 수 있는 지를 파악한 다음, 태양복사조건들을 결정하는 경관고유의 특성들을 평가할 필요가 있다.

태양복사는 실제적으로 모든 경관구성요소에 크게 영향을 준다. 무더운 여름철에 낙엽수는 잎으로 햇볕을 차단하여 태양복사를 감소시키며, 겨울철에는 잎이 떨어져 열이 부족한 추운 겨울을 견딜 수 있도록 태양복사를 많이 흡수한다. 따라서 낙엽수는 매우 가치 있는 경관 구성요소이다. 그러나 잎이 있는 시기와 잎이 없는 시기의 태양복사량의 차이는 0%와 100%의 차이는 아니다. 잎들은 상당량의 태양복사(적외선에 가까워 인간의 눈에 보이지 않음)를 통과시키기도 하고, 겨울에는 줄기와 가지가 태양복사를 차단하기도 한다. 다양한 종류의 나무들이 있지만 일반적으로 여름에는 1/4 정도, 겨울철에는 3/4 정도의 햇빛을 받아들이는 것이 일반적이다. 이러한 차이는 매우 중요한 결과를 초래한다.

태양복사의 대부분은 보통 일직선으로 오기 때문에 복사기하학(geometry of radiation)의 방법으로 쉽게 계산할 수 있다. 따라서 태양 고도각과 간단한 삼각측량법으로 연중 시간대별로 물체에 투영된 그림자를 측정할 수 있다. 또한, 방출된 지구복사량은 물체의 온도와 관련이 있으므로 복사량을 쉽게 파악할 수 있다.

7. 바람 조절

바람은 사람들과 건물들에 영향을 미치는 또 하나의 주요 미기후 요소로서 우리는 경관구성요소의 조작에 의해 바람을 효과적으로 조절할 수 있다. 바람은 불어오는 방향과 흐름, 속도 등 다양성을 가지며, 이는 일반적으로 대기 교란에 따라 발생한다. 교란은 바람의 속도와 지표면의 거친 정도에 따라 영향을 받는다. 속도가 빠를수록, 표면이 거칠수록 바람은 많이 교란된다.

바람에 영향을 미치는 경관구성요소들의 조작을 통해 바람의 속도를 느리게 하고 방향을 바꾸거나 속도를 빠르게 할 수 있다. 또한 구성요소의 상대적 위치와 방위를 통해 바람에 영향을 줄 수 있다. 태양복사는 방정식으로 아주 간단하게 설명할 수 있지만 바람은 그와 같은 방법으로 설명하기 어렵다. 경관에서 바람을 파악할 수 있는 기본적인 두 가지 방법이 있다. 첫째 방법은 축소모형을 바람의 통로나 수로(water flumes)에 설치하는 것이다. 가능한 한 자연 상태와 비슷하게 꾸며 경관을 통과하는 바람의 속도를 측정한다. 이 방법은 경관을 쉽게 조작하여 바람이 경관에 미치는 영향을 '볼 수 있게' 한다. 두 번째 방법은 일반화된 측정값을 다른 경관에 적용하는 방법으로 경험에 근거하여 쉽고 빈번하게 이용되지만 정확성이 떨어진다. 예를 들면, 많은 연구가들이 일렬로 식재된 방풍용 히말라야삼목 주변의 바람을 정확하게 측정하였다. 이 자료는 조건이 유사한 다른 경관에 적용할 수 있다. 그러나 적용대상의 환경이 정확하게 같을 수 없기 때문에 그에 관한 가정을 세워야 한다는 단점을 가지고 있다.

바람의 방향과 속도는 시간과 계절에 따라 자주 바뀐다. 일반적으로 바람은 이른 아침에는 약하게 불고, 오후에는 강하게 분다. 이러한 바람의 방향은 풍배도(風配圖, 각 방향에서 불어오는 바람의 비율을 나타내는 그림)나 여러 다양한 그래픽 기법으로 표현할 수 있다. 때로는 풍배도로 계절별 추세도 나타낼 수 있다. 예를 들어, 북반구지역의 겨울은 통상 바람이 북쪽에서 불어오고 다른 계절에는 각 방향에서 비슷하게 불어온다. 이러한 자료는 겨울철 방풍림을 배치하는데 매우 중요하다. 모든 조건을 고려하여 각 방향에서 부는 바람을 조절할 수는 없으나 주요 특정시기를 고려한 설계는 가능하다.

8. 온도와 상대습도, 강수조절

온도와 습도는 인간의 열 쾌적성과 건물의 에너지 이용에 많은 영향을 미친다. 그러나 조경설계를 통하여 이 두 가지 기상요소들을 조작하는 데에는 한계성이 있다. 대기는 효율적인 혼합체이므로 보통 온도나 습도의 변화는 매우 빨리 일어나고 금방 사라진다.

몇 가지 주목할 만한 예외들이 있다. 미기후가 발생하는 어느 대상지가 주 대기권과 떨어져 있거나 격리되어 있다면 특이한 결과들이 발생될 것이다. 맨해튼과 같이 고밀 도시화가 이루어진 지역의 "쌈지"공원을 예로 들어보면, 이 공원은 높은 건물로 둘러싸여 있고 위쪽은 나무의 수관으로 덮여 주위와 완벽하게 격리되어 있다. 이렇게 벽으로 둘러싸여진 고립된 정원의 온도와 습도는 주변 지역과 상당한 차이를 보이곤 한다.

한편, 강수는 조경설계를 통해 조절될 수 있으나 태양복사나 바람과는 다르게 다루어져야 하며 인간이나 건물의 에너지 평형 개념과는 부합되지 않는다. 대신에 경관에서 인간에게 불편을 야기하는 요소로 자주 다루어지며, 구조물을 돌출시키는 것과 같은 아주 단순한 설계를 통해 조절될 수 있다.

9. 설계를 위한 미기후 자료의 통합

먼저 설계가가

(1) 미기후에 영향을 주는 메커니즘
(2) 경관구성요소들이 미기후에 미치는 영향
(3) 경관에서 사람과 건물에 미치는 미기후의 영향

을 기본적으로 이해하였다면, 이러한 정보들은 새로운 경관을 설계하거나 기존의 경관을 수정하는데 유용하게 사용될 수 있다.

에너지평형 자료는 경관에서 에너지흐름의 메커니즘을 이해하는데 중요하다. 또한, 서로 다른 지표면들의 상대적 가치, 수문특성의 가치를 통해 방풍림, 돌출구조물 등의 설계를 결정하는데 유용하다.

인간과 건물의 에너지평형개념은 시공 전 미기후를 고려한 설계의 효율성을 검증하기 위한 메커니즘뿐 아니라 건설 후 평가에도 활용될 수 있다.

경관에서의 복사기하학과 바람의 흐름을 그림과 해설을 통해 이해함으로써 조경설계에 쉽게 적용할 수 있다. 이러한 자료들은 두 가지 측면에서 가치가 있다. 첫째, 전체부지의 특성과 경관구성요소들의 배치를 결정하고, 둘째, 조성하고자 하는 미기후를 상세하게 표현하는 데 있다.

경관의 이용계획 및 이용시간대 등을 면밀히 고려하여야 하며, 그렇게 함으로써 적합한 기후와 최대한으로 이용할 수 있는 자원을 명확하게 결정하게 해준다.

예를 들어, 테니스장의 위치와 방위를 결정해야 한다고 가정해 보자. 미기후의 필요조건을 간과한 채 테니스장 설계를 진행하게 된다면 결국에는 전체 설계를 중단해야 할지도 모른다. 그러나 일반적으로 설계문제에는 특정한 요구조건이 있다. 사람들이 **테니스장을 어떻게 사용할 것인지를 분석한 다음** 테니스장이 **언제** 이용될 것인지를 예측 결정해야 한다.

먼저, 테니스를 치고 있는 사람들은 신진대사 속도가 매우 높으므로 열에너지의 투입이 많다. 이러한 현상은 그들의 열 쾌적성에 큰 영향을 미친다. 이용률이 높은 특정한 시간대를 예측한다면, 북위도 지역에서는 봄과 여름, 가을에는 야간조명이 없다면 낮 시간 동안에만 이용가능하고, 콘도미니엄 같은 곳에서는 저녁 시간대, 학교에서는 낮 시간대에 대부분의 이용이 이루어지고 있다는 것을 알아야 한다. 이러한 정보들은 테니스장을 이용하기 어려울 정도로 춥거나 더운 날을 제외하고 연중 내내 이용할 수 있도록 테니스장을 설계할 때 사용할 수 있다. 불필요한 정보의 양을 제한하여 설계할 때 가장 큰 영향을 줄 수 있는 설계요소에 집중할 수 있게 한다.

수집된 정보들은 때때로 조경설계나 계획과정에 적합하고 편리하게 이용되기도 하며 어떤 경우에는 설계를 보완하거나 관리순서를 결정하는데 도움을 주기도 한다.

요약

이 책에서는 미기후의 주요 영향을 설명하였다. 보다 안락하고 에너지 효율이 높은 쾌적한 환경을 조성할 수 있도록, 미기후가 어떻게 주요 날씨와 물리적 환경간의 상호작용을 형성하는지, 미기후가 사람들에게 미치는 영향과 경관구성요소를 조작하는 방법에 대하여 설명하였다. 또한, 과거에서부터 최근까지 다양한 미기후 설계사례를 논의함으로써 어떤 것이 적절하고 부적절한지를 보여주었다. 그리고 시간에 따른 대기의 변화, 날씨의 발생과 예측, 미기후 형성에 관하여 개념적으로 설명하였다. 마지막으로, 조경설계를 통해 미기후의 변경과 조작에 관한 개념과 세부사항을 논의하였다.

이 책은 두 가지 학습방법을 제시한다. 즉,

(1) 처음부터 정독하는 방법
(2) 강조된 글씨로 적힌 **원리(principles)**와 **개념(concepts)**들을 빠르게 살펴보는 방법

이다. 강조된 글씨체의 문단만 읽어보아도 이 책의 전체 구성과 의도를 알 수 있다. 그리고 세부 사항을 읽어봄으로써 설계와 계획에 이용할 수 있는 미기후 정보를 파악할 수 있다. 또한 강조한 부분을 반복하여 읽어보면 이전에 언급했던 개념이 다시 생각날 것이다. 새로운 정보를 접했을 때, 이를 토론해 가면서 읽은 내용을 보완한다면 많은 도움이 될 것이다.

각 장의 끝부분에서는 여러 질문 항목들을 수록하여 개념을 정립하고, 습득한 지식을 실제 적용할 수 있도록 하였다. 무엇보다도 실무에서 부딪히는 다양한 문제 상황에 미기후 자료를 적용할 수 있도록 도움을 줄 것이다.

질문항목에서 첫 번째인 '생각해볼 것들'이란 우리들이 실무나 일상생활에서 경험을 통해 이미 알고 있는 다양한 미기후의 착안사항들을 일깨워주는 일반적인 질문항목들이다.

생각해볼 것들

다음 장으로 넘어가기 전에 아래의 질문을 생각해 보자. 본 질문들은 당신이 가지고 있는 미기후에 관한 현재의 지식과 직관을 떠올릴 수 있도록 도와줄 것이다. 혼자나 작은 모임에서 질문들을 토론해 보자. 정답이나 오답은 없으나 어떤 해답들은 보다 나은 해결책을 제공해 줄 것이다.

1. 최근에 당신이 사는 지역에 초고층아파트가 건설되었고 아파트를 선택할 수 있는 우선권이 당신에게 주어졌다. 가을학기에 대학으로 돌아가기 전 여름 동안 그곳에서 지내려고 한다. 아파트를 선택할 것인가? 선택한다면 그 이유는? 그곳에는 에어컨이 설치되어있지 않다.
2. 당신이 진학하고 싶은 대학 인근지역에 아파트 단지가 있다고 생각해보자. 또 다시 당신에게 아파트를 선택할 수 있는 우선권이 있으며 9월부터 4월까지 아파트에서 살고자 한다. 자, 그 아파트를 선택한다면 이유는?
3. 기혼자인 당신은 방금 병원에서 출산한 아기를 집으로 데려왔다. 가까운 미래에 당신은 아파트에서 살고자 한다. 어떤 곳을 선택할 것인가? 그 이유는?
4. 지금은 한여름으로 바깥은 매우 뜨겁고 햇볕이 강하게 내리쬔다. 당신은 출근하기 위해 걸어가고 있으며 선택할 수 있는 두 개의 길이 있다. 한 쪽 길은 나무도 그늘도 없는 차도를 따라 가는 길이고, 다른 길은 길 종점까지 나무그늘이 있는 도시공원을 통과하는 보도이다. 어떤 도로를 주로 이용할 것인가? 한편 차도 옆의 길이 조금 더 짧다면? 차도 옆의 길이 훨씬 짧다면? 당신은 어떤 길을 선택할 것인가?
5. 지금은 한겨울로 바깥은 매우 춥고 바람이 불고 있다. 옥외 링크에서 스케이트를 탈 수 있는 기회가 주어졌다. 당신은 일기예보를 보고 어떤 날씨일 때 스케이트를 타자는 제의를 받아들이겠는가? 어떤 날씨일 때 그 제의를 거절할 것인가? 그 이유는?

1장 개념적 틀

미기후를 이해함으로써
쾌적한 거주지와
건물의 에너지 효율성을 높일 수 있는
경관을 조성할 수 있다.

도입

날씨는 우리들의 일상생활과 밀접하다. 대기는 우리 주변에서 끊임없이 소용돌이치고, 공기와 물분자를 교란시키며 태양과 지구복사에너지와 충돌하고 있다. 사람들은 이러한 상태의 대기라는 광활한 바다의 아래에서 살고 있다. 우리는 일기예보를 통해 날씨가 그 날의 일정에 어떤 영향을 미칠 것인가를 생각하여 옷을 입고 활동을 계획한다. 날씨는 교통수단의 선택, 열 쾌적성, 심지어는 주택의 난방비에까지 영향을 미치게 된다.

똑같은 날씨가 서로 다른 장소에 존재하지 않는 것처럼 심지어 작은 도시나 공원에서도 서로 다른 날씨를 경험하게 된다. 어떤 공간을 지나갈 때 미기후를 경험할 수 있는데, 작은 공간마다 날씨가 다름을 느낄 수 있다. 세찬 겨울바람으로 몸이 휘청거리고 추위로 얼굴이 얼어붙은 채 도시 속을 걷고 있는 모습을 상상해보자. 당신은 재빨리 바람을 피할 수 있는 버스정류장으로 들어가는 순간 아주 쾌적한 느낌을 받을 것이다.

또한 무더운 한 여름에 그늘이 없는 아스팔트 주차장을 가로질러 가고 있다고 생각해보자. 찌는 듯한 열기와 눈부신 햇살이 우리로 하여금 공원으로 향해 큰 나무그늘을 찾게 만들 것이다. 그 순간 아주 다른 미기후를 경험한다. 당신은 나무 아래에서 시원하고 쾌적한 미기후를 느끼게 된다.

생각해보면, 실제로 곳곳마다 미기후가 다르다. 하루 종일 여러 장소를 지나쳐보면 어떤 장소는 쾌적하여 머뭇거리게 되고 어떤 장소는 불쾌하여 급히 지나치게 된다. 우리의 삶은 미기후와 아주 밀접하게 얽혀 있는 것이다.

용어정의

본론에 앞서 이해를 돕기 위해 몇 가지 용어를 정의한다. 대기(atmosphere)는 지구를 완전히 둘러싼 기체상태의 거품(기포)로 중력에 영향을 받는다. 날씨(weather)는 어떤 주어진 시간과 공간에서 대기의 기포상태이고 기온과 습도, 바람의 속도, 압력, 복사로 측정하여 표현된다. 대기의 순간적 상태를 연구하는 학문을 기상학(meteorology)이라고 하며, 기후학(climatology)은 특정 지역에서 시간대별 가장 우세한 기상조건을 설명하는 학문이다.

기상학과 기후학의 용어에 접두어 macro(대규모, 수 km에서 수백 km), meso(중규모, 수십 m에서 수 km), 그리고 micro(소규모, 수 m에서 수십 m)를 붙일 수 있다. 즉, 미기상학(micrometeorology)은 소규모 지역의 순간적인 기상조건을 연구하는 학문이고, 미기후학(microclimatology)은 작은 공간의 우세한 기후를 설명하는데, 전체 지역의 기후와는 상당히 다르게 나타난다. 미기상학과 미기후학은 모두 경관구성요소로 조절될 수 있는 소규모 부지의 조건을 설명할 수 있다. 앞서의 예에서 버스정류장의 대기상태(미기후)는 정류장이 없는 상태(기후)와 많은 차이가 있다.

역사적 맥락

미기후학은 최근에 들어와 급속한 발전을 이루어왔다. 고성능의 컴퓨터를 통해 미기후학은 수학식으로 대기환경을 모형화 할 수 있게 되었다. 그러나 미기후를 조작하려는 노력들은 오랜 역사를 가지고 이루어져 왔으며, 인류가 출현한 이래로 사람들은 쾌적한 외부 공간을 조성하고 거주에 필요한 난방에너지를 절약하기 위해 환경을 지속적으로 보완해 왔다.

선사시대에는 주거하기 좋은 쾌적한 미기후가 형성되어 있는 장소를 알고 있었다. 가장 오래된 예는 동굴주거지이다. 특히 주변 환경조건이 거주하기에 불리한 기후조건을 가진 지역에서 주로 나타났다.

역사를 보면 사람들은 때론 혹독한 기후를 벗어나 쾌적한 경관과 정원을 가진 은신처를 만들었다. 그들은 자신들의 필요와 욕구에 적합한 환경을 설계하여 미기후를 조절한 것이다. 그와 같은 설계의 이면에는 과학이론 등에서 찾아볼 수 없는 수 세대에 걸친 관찰과 실험을 통해 축적된 환경에 대한 경험적인 지식이 있다. 모든 고대문명, 즉 이집트의 울타리원(walled gardens), 바빌론의 공중정원, 로마제국의 아트리움 주택 등에서 그 사례를 찾아볼 수 있다. 이러한 모든 미기후 조절은 쾌적한 옥외거주지역을 조성하기 위해 지역 고유의 미기후를 고려해서 설계된 것이다.

식민지 시대와 개척시대에는 유럽인들의 설계이념과 방법들이 여러 나라에 전파되었으나 토착적인 환경과 조화되지 못하고 이질적인 구조물과 경관을 형성하게 되었으며, 그 지역의 기후에도 순응되지 못했다. 이러한 유럽의 이질적인 영향과 최근의 비교적 저렴한 난방비는 그 지역의 기후에 적합한 시공기술개발에 대한 관심과 열망을 끌어올리지 못하는 결과를 초래하였다. 실제로 이러한 건물의 난방에는 많은 양의 에너지를 필요로 하므로 경제성이 떨어진다.

전 세계적으로 많은 지식인이 서로의 설계양식과 문화를 활발히 교류하고 있음에도 불구하고 이어져 내려오는 전통은 지속적으로 유지되고 있다. 어떤 지역의 기후에 적합한 설계는 때때로 다른 기후에는 완전히 부적합할 수도 있다. 부적합한 미기후를 가지고 있는 공원, 광장, 정원, 주택, 경관들에 대한 사례가 많이 있으며, 이를 통해 그 착안점을 분석하고 학습할 수 있다.

물론, 그 지역 기후에 적합하게 계획된 건축과 조경사례도 많이 있으며, 이들 사례의 적합성을 분석해 볼 수도 있다. 일반적으로 세부내용을 모든 곳에 적용시킬 수는 없을 지라도 원리와 개념을 파악함으로써 여러 환경에 응용할 수 있다.

미기후에 적합한 설계사례

역사적 사례

우선 적극적으로 환경을 조작하여 쾌적한 미기후를 만들어낸 설계사례를 살펴보자. 서부 아메리카의 절벽 주거지는 계곡의 벽면에 조성된 마을로 매우 혹독한 환경에서도 많은 사람이 함께 거주했던 곳이다. 이 지역은 온도변화가 심하고 태양복사량이 많으며, 수량이 적은 기후대를 가지고 있다. 그러나 이곳 절벽주거지는 계곡 벽면의 절연효과로 주택내부의 온도변화가 크지 않다. 많은 열이 유입되는 여름에는 돌출한 벼랑이 거주공간에 그늘을 제공하고, 온도가 떨어져 추가적인 열이 필요한 겨울에는 태양광선을 최대한 받아들일 수 있다(그림 1.1). 이는 계절변화에 따른 태양의 운동을 경험적으로 알고 있었기에 가능했다. 그리고 광활한 사막에서는 증발로 인해 지표수가 급속하게 사라지는 반면에, 시원하고 그늘진 동굴에서는 물을 저장할 수 있다. 무엇보다 중요한 시사점은 환경에 대한 지식을 아주 현명하게 사용한 점이다.

그림 1.1
초기 문명시대에 거주지로 사용한 동굴들은 겨울철에는 태양 빛을 동굴로 들어오게 하나(a), 여름에는 태양 빛의 유입을 차단하는 방향에 자리 잡았다(b). 이는 거주지를 더운 여름에는 시원하게, 추운 겨울에는 따뜻하게 유지시켜 준다.

이러한 사례에서 유추한 몇 가지 간단한 개념들은 오늘날에도 중요한 가치를 지닌다.

■ **일반적으로 한 계절 이상 사용하는 북반구의 옥외생활 공간은 남쪽을 향해야 한다.**
일반적으로 남쪽을 향한 생활공간은 추운 계절에 따뜻한 태양광선이 내부로 들어오게 해야 한다.

■ **남쪽을 향한 지역의 돌출구조물은 여름엔 태양광선을 차단하고 겨울에는 태양광선을 들어오게 한다.**
여름에는 태양의 고도가 높아 남쪽 사면에 돌출한 구조물은 태양 복사를 차단한다. 겨울에는 태양고도가 낮아 돌출한 구조물은 태양복사를 차단하지 않고 실내에 복사에너지를 최대한 받아들여 실내온도를 높여 준다.

■ **사례를 분석하여 유용한 시사점을 많이 얻을 수 있다.**
기회가 있을 때마다, 기후와 경관과의 상호관계를 관찰하여 미기후를 분석해보자. 이러한 과정은 설계과정에 많은 도움을 제공해준다.

현대의 사례

미기후를 고려한 많은 접근방법이 전통적이고 경험적인 지식을 통하여 현재의 조경설계에 축적되었다.

필자의 대학캠퍼스 사례를 살펴보면, 대다수의 학생들은 9월부터 4월(가을, 겨울, 봄)까지 캠퍼스에서 생활한다. 학생들이 주로 이용하는 시설물들은 이 기간에 맞추어 설계되어 있다.

강의동 주변의 작은 외부휴식공간에 벤치가 설치되어 있으며(그림 1.2), 이 공간은 연중 아주 쾌적한 공간으로 많이 이용되고 있다. 여름에는 그늘이 드리워져 시원하고 가을, 겨울, 봄에는 약한 바람이 불어오는 양지바르고 따뜻한 장소이다. 많은 사람들이 이곳을 “해가 머무는 곳(sun catch)”이라 부른다. 이 공간은 단순하면서도 미기후를 효율적으로 고려한 설계사례이다.

그림 1.2
이 옥외공간은 더운 날씨에는 그늘이 드리워지고 추운 계절에는 따뜻한 장소이다.

미기후에 부적합한 설계사례

역사적으로 환경에 적합하지 못했던 공간설계 사례지를 찾는 것은 쉽지 않다. 왜냐하면 부적합한 사례들은 역사 속으로 사라지기 때문이다. 특히, 불쾌한 미기후 환경은 버려지거나 소멸되었다. 그러나 현대에는 매우 불쾌하거나 불편한 미기후 환경을 가진 장소가 많이 존재한다.

필자의 대학 캠퍼스의 다른 휴식공간을 예로 들어보자. 이 공간은 기숙사 식당건물 사이의 중심 보행로와 인접한 휴식공간으로 ‘볼 수 있고, 또 보이는’ 아주 좋은 장소이다. 이 공간에서는 한 그루의 낙엽수 주위에 반원모양으로 앉을 수 있는 몇 단의 계단이 조성되어 있다. 이 구성요소들은 서로 잘 조화되게 설계된 것처럼 보인다(그림 1.3). 그러나 이 공간의 미기후환경은 매우 부적합하게 설계되어 있어 이용성이 현저히 떨어지는 공간이 되었다.

이 설계공간에서 가장 중대한 실수는 반원이 북쪽을 향해 열려 있다는 점이다. 이는 앉는 공간에 햇빛이 비치지 않으며, 학생들이 그 자리에 앉더라도 학생들의 머리와 목 뒤쪽에만 햇빛이 비친다. 이는 앉는 공간에 나무그늘이 없기 때문이다.

그림 1.3
서로 잘 조화된 것처럼 보이는 이 공간은 항상 미기후가 좋지 않아 아무도 사용하지 않는다. 겨울과 봄, 가을에는 햇빛이 비치지 않고 바람이 부는 반면에 여름에는 사람들의 머리 뒤쪽으로 햇빛이 비친다. 방향이 잘못되어 있다.

일반적으로 추운 겨울에는 햇빛이 밝고 따사로우며 북쪽에서 바람이 불어온다. 이와 같은 날씨에 사람들은 외부의 따뜻한 햇볕에 있고 싶어 하나 위와 같은 공간은 앉은 공간으로 차가운 바람이 불어와 사람들을 더 추위에 떨게 한다.

■ **서늘하거나 추운 계절에 이용되는 옥외공간은 주풍(prevailing wind)을 차단해야 한다.**
옥외공간이 여름 이외의 계절에 이용되기를 바랄 때에는 바람을 차단해야 한다. 주풍(prevailing wind)은 다른 바람보다 더 자주 불어오는 바람이다.

■ **미기후를 고려한 설계와 마찬가지로 미기후에 부적합한 설계사례에서도 많은 교훈을 얻을 수 있다. 훌륭한 설계사례를 관찰하고 분석하는 것과 같이, 어떤 설계가 불쾌한 미기후를 형성해내는 지를 분석하고 직접 경험해 볼 필요가 있다. 이를 통해 설계에서 해서는 안 되는 사항들을 알게 될 것이다.**

이 휴식공간에 있어 가장 적합한 해결책은 앉는 자리의 방향을 정반대로 향하게 하고 사람의 머리 위로 부는 바람을 변경시킬 수 있도록 계단의 윗부분에 관목식재를 통해 바람을 차단하는 것이다(그림 1.4).

그림 1.4
그림 1.3의 휴식공간은 미기후에 적합하도록 재설계되어야 한다. 따라서 위에서 불어오는 차가운 바람을 막는 방풍림과 함께 남쪽을 향하도록 배치해야 한다.

예외 규칙

어떤 규칙이던지 항상 예외는 있다. 예를 들어, 아침식사 시간에만 사용하는 남향의 옥외테라스 공간을 생각해보자. 이 테라스 공간은 아침 햇살을 받을 수 있는 동쪽을 향하게 하는 것이 더 좋을 것이다.

대학 근처에 있는 야외 주점은 주로 늦은 오후나 저녁시간대에 이용되므로 저녁 햇살을 받을 수 있도록 서쪽을 향하는 것이 가장 바람직하다.

■ 미기후 조작에 대한 어떤 결정을 내리기 전에 공간의 이용계획(project use)을 먼저 생각하라.
특정 시간대의 이용과 이용계획에 적합한 미기후를 조성해야 한다. 비이용 시간대의 미기후는 일반적으로 중요도가 떨어진다.

주택에 새로운 데크를 설치하려는 가족을 예로 들어보자. 그들은 어느 쪽을 향하게 하면 좋을지를 당신에게 물었다. 당신은 자신 있게 '남향으로 하세요'라고 말할 것이다. 그러나 주택의 남쪽에 위치한 데크가 돌출구조물과 바람막이 식재 혹은 방풍림이 없이 설계, 시공되었다면 오히려 안 좋은 상황이 발생할 수 있다. 햇볕이 내리쬐는 여름에는 너무 덥고, 겨울의 대부분은 매우 춥고 바람이 불며, 아마 가을이나 봄에도 상당히 추울 것이다. 이밖에도 당신이 알고 있는 것보다 더 많은 여러 유형의 데크가 있을 것이다.

마지막으로, 추운 계절 주풍으로부터 옥외 공간을 보호하는 원칙들을 생각해보자. 어떤 사람이 주차장에서 주택으로 걸어 들어갈 수 있는 진입로를 원한다면, 설계가들은 이 공간에서 바람을 막아 겨울철에 쾌적한 미기후를 조성해야 하고 쌓인 눈을 치울 수 있는 충분한 공간도 확보해야 한다. 그러나 한편으로 이것은 주택 소유주에게 제설문제를 발생시키기도 한다. 거주자가 실제로 주차장에서 제설하는 시간을 최소로 하고자 한다면, 주차장에 바람이 많이 불도록 설계하여 눈이 깨끗하게 치워지도록 할 수도 있다. 추위로 불편하겠지만 적은 비용으로 진입로와 주차장을 깨끗하게 유지관리 할 수 있는 것이다.

■ 일반지침들이 항상 옳은 것은 아니다.
지침들을 항상 신중하게 사용하고 그 의도를 성취할 수 있도록 노력을 기해야 한다.

요약

1장에서는 미기후와 조경설계에 대한 몇 가지 기본적인 방법들을 소개했다. 여러분은 지금 경관을 조작하는데 이용할 수 있는 몇몇 개념과 원칙들을 학습했다. 따라서 그것들을 신중하게 사용해야 함도 알고 있다. 이 책을 읽어 가는 동안 지식을 체계화하고, 방법들을 사용할 때와 예외적으로 고려해야 할 때를 알게 될 것이다.

생각해볼 것들

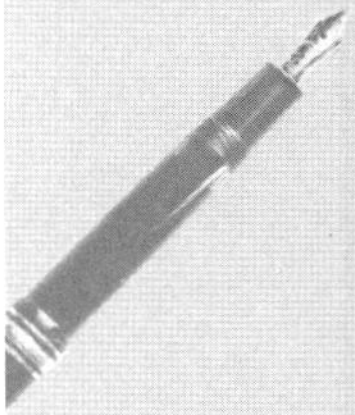

여기에서 생각해봐야 할 몇몇 방법과 문제가 있다. 어떤 해결책들은 다른 해결책보다 나은 결과를 제공할 수는 있어도 완전한 정답이 존재하지는 않는다. 토론모임에서 이러한 문제들을 제기하여 해결해보도록 하라. 그러한 일련의 과정은 이 장에서 논의하였던 여러 관점들과 일반적 설계문제들이 연계되어 도움을 주게 될 것이다. 이 책의 나머지 장들을 공부한 다음, 다시 이 질문으로 되돌아왔을 때 당신의 지식과 능력이 어느 정도 향상했는지를 확인해보기 바란다.

1. 저녁식사 때 손님을 초대하기 위해 식탁과 의자를 옥외공간에 배치하는 일이 당신에게 주어졌다고 생각해보자. 미기후에 적합한 공간설계를 위해 고려해야 하는 예상활동 및 공간의 상관관계는 무엇인가? 당신이 고객에게 제안할 수 있는 해결책은 무엇인가?

2. 한 친구가 당신에게 뒤뜰에 만들 텃밭에 대한 가장 좋은 위치를 물어왔다. 이 일과 관련하여 당신은 어떤 자료를 수집해야 하며, 위치 결정에 가장 중요한 점은 무엇인가?
3. 당신에게 대도시 공원 내 테니스장의 위치를 결정하는 일이 주어졌다. 의사를 결정하는데 도움이 될 수 있는 이용계획과 부지에 관해 필요한 자료는 무엇인가? 선수나 관객이 필요로 하는 시설물은 있는가?
4. 당신은 다음 주 토요일 국립공원이나 도립공원에 갈 계획이 있다고 가정해 보자. 사전에 당신이 수집해야 할 정보는 무엇이며 그 이유는 무엇인가? 기상예보가 공원의 시설이용에 어느 정도 중요한가?
5. 당신은 A씨 부부의 뒤뜰에 놓일 데크 설계를 의뢰받았다. A씨 부인은 이 데크에서 정원에서 일하는 남편을 볼 수 있기를 원한다. 한편, A씨는 도서관에 가서 지난 5년 동안의 기상자료를 복사해왔다. 그는 연간 평균온도, 주 풍향과 풍속, 상대습도, 강수량 등의 관련된 모든 정보를 가지고 있다. 당신은 이 정보를 어떻게 이용할 것인가? A씨는 5일 동안의 기상예측자료도 가지고 있다. 당신은 이 정보를 어떻게 이용할 것인가?

2장 대기체계의 이해

도입

무심히 바라보면 바람과 하늘의 일상적인 변화가 무질서한 것처럼 보인다. 그러나 대기에는 거대한 구조체계가 형성되어 있어 날씨의 움직임은 연쇄적이고 반복적이다. 이러한 연쇄과정이 우리에게 일상적인 예측을 할 수 있게 해주며, 이 연쇄과정들이 몇 주나 몇 해에 걸쳐 축적되어 지역의 대기후를 형성한다. 대기후 지역대에서 국부적인 물리적 요소들이 작용하여 우리가 조작해야 하는 미기후를 형성한다.

태양에너지 : 날씨를 만드는 힘[2)]

■ 지구는 지구 형태와 자전기울기라는 두 가지 주요 특성이 있다. 이들은 태양에너지가 지구의 날씨생성장치에 동력을 공급하는 방식을 조절한다.

지구와 태양을 모형화하기 위해 한 손에는 농구공을 다른 손에는 손전등을 가지고 있다고 생각하자(그림 2.1). 만약 손전등 불빛이 공의 '중심부'에 바로 비추도록 들고 있다면(그림 2.1 a) 원형의 불빛이 지구모델의 '적도지역'을 비추는 것이다. 만약 손전등을 공의 '끝'에 향하도록 약간 기울이면 불빛은 타원형으로 바뀔 것이다(그림 2.1 b). 두 경우 모두 빛의 총 에너지량은 같으나 타원형 불빛의 에너지가 더 넓게 퍼지기 때문에 원형의 불빛보다 흐려 보인다. 비슷하게 지구의 극지역은 적도지역보다 태양에너지가 적게 비춘다.

태양 빛에 수직인 대기의 꼭대기 부분에서 이용 가능한 에너지는 1평방미터당 14개의 100와트(Watt)전구(1,400 Watt/m^2)를 합친 양과 비슷하다. 지구는 구형이기 때문에 적도에서 극지역으로 옮겨감에 따라 햇빛은 넓은 지역을 흐리게 비추게 되고, 이 에너

2) 태양에너지는 궁극적으로 지상의 모든 생명체의 근원임은 물론이고 공기나 해류 흐름의 원동력이다. 태양으로부터의 빛은 공기의 내부에너지를 변화시키는데, 이 내부에너지는 곧 위치에너지의 변화로 표현된다. 이러한 위치에너지의 변화는 서로 다른 지역에 기압의 차이를 가져오며, 이 기압차를 줄이기 위한 조정작업이 곧 바람이다.

지는 위도 40°에서는 약 1000와트(Watt)로, 위도 80°에서는 약 250와트(Watt)로 줄어든다. 대기는 햇빛의 흡수율이 낮기 때문에 대부분의 에너지가 지구표면에 도달한다.

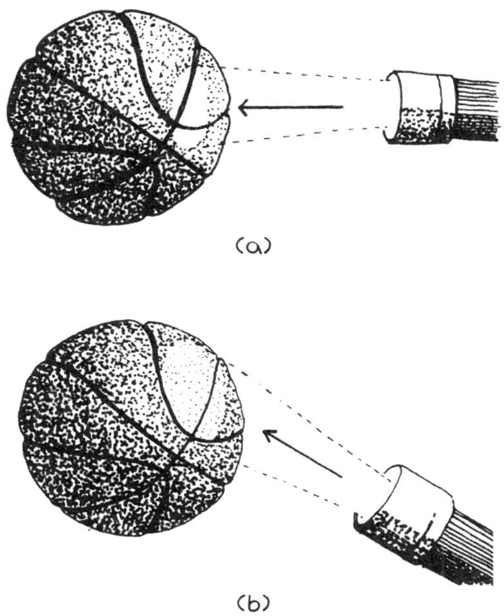

그림 2.1
농구공을 지구모델로 이용할 수 있다. 공 위를 바로 비추는 손전등 불빛은 지구에 닿는 햇빛과 비슷하다. 빛이 공의 중간(적도)부분에 곧바로 비칠 때 불빛의 강도가 높다(a). 그러나 빛이 위쪽 끝(극지방) 부분을 비추면 빛은 넓은 부분으로 퍼지고 강도는 낮아진다(b).

■ 대기는 하부에서부터 뜨거워진다.

적도지역은 에너지가 넘치고 극지역은 많이 부족하다. 다음에서 세부적으로 논의하겠지만, 경사면(경도)에 따른 열공급은 대규모의 바람체계를 발달시킨다.

양끝을 이쑤시개로 끼운 포도와 탁자의 중앙에 전등을 설치한 후 두 번째 실험을 시작해 보자(그림 2.2). 만약 탁자 위에 이쑤시개의 남극지역을 (a)위치에 놓고 북극을 수직에서 수평으로 1/4 정도 멀어지게 기울이면(실제 기울기는 약 수직으로 23°이다), 남반구에서는 하지이나 북반구에서는 동지인 상황이 연출된다(극지점, 12월 21일경). 이날 태양은 북회귀선(약 남위 23°)을 비춘다. 지구자전을 연출하기 위해 이쑤시개를 축으로 포도를 회전시키면, 남극은 항상 밝고 북극은 항상 어두운 반면, 적도와 중위도는 낮과 밤이 나타난다. 겨울철 북반구에서 불균등한 태양빛이 가장 뚜렷하게 나타난다. 이것이 대기혼합을 가속하여, 대규모 바람체계의 힘이 여름보다 겨울에 더 강하다는 것을 예측할 수 있다.

그림 2.2
이쑤시개를 꽂은 포도를 탁자중앙의 불빛주위로 이동시킴으로써 태양을 중심으로 한 지구운동을 나타낼 수 있다. (a)위치의 지구는 북반구가 겨울일 때이다. 포도가 불빛 주위로 움직임에 따라 북반구의 봄(b), 여름(c), 가을(d)을 나타낸다. 서로 다른 위치에 도달하는 태양에너지량이 지구의 날씨 체계를 만든다.

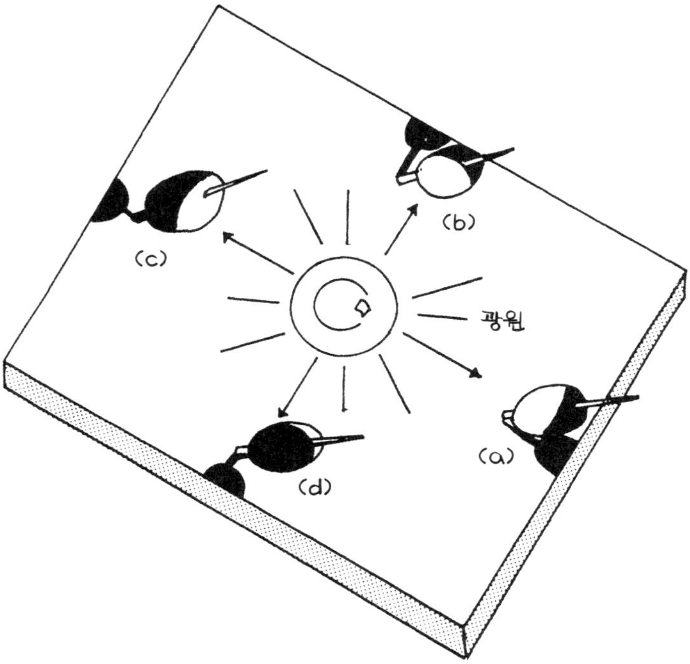

이제 이쑤시개의 북쪽 끝을 항상 같은 벽을 향하게 기울여 둔 채, 탁자 둘레에 1/4원을 그린다(b위치). 태양을 적도로 향하게 하여 **춘(추)분**(3월 21일 경)을 나타내보면 태양은 양 극지역을 거의 비추지 않으며, 이쑤시개를 회전시키면 모든 위치가 똑같은 낮과 밤을 가진다.

그리고 나서 여전히 이쑤시개를 같은 벽(c위치)을 향하도록 기울인 채 탁자 둘레를 따라 반원을 그리면 북반구는 하지가 된다(6월 21일경). 북극은 햇빛이 계속 비추지만 남극은 어둡다. 적도에서 극까지의 에너지 부족은 남반구에서 가장 심해져, 남반구의 바람은 겨울에 아주 심하다. 탁자를 다음의 1/4지점으로 옮겨(d위치) 두 번째 주야평분점(추분)을 나타낼 수 있다(9월 23일경). 12월 21일 경에 시작한 동지로 되돌아오면 계절 주기는 끝나게 된다.

■ **지구는 기울어진 축을 중심으로 태양 주위를 공전하기 때문에 계절이 생기고, 극에서 적도까지 겨울인 반구에 항상 많은 에너지 부족현상을 일으킨다. 따라서 겨울은 더 춥고 겨울바람은 더 강하게 일어난다. 지구의 궤도를 정확하게 알고 있기 때문에 날짜만 알면 태양의 위치를 정확하게 예측할 수 있다. 지구의 모양과 기울기에 따라 발생하는 태양과 기후의 하루 주기 및 한 해의 주기는 밀접하게 연관되어 있다. 훌륭한 조경설계란 이러한 순환주기와 조화를 이루게 하는 것이다.**

공기덩어리 (기단, Air Masses)

대기는 주로 지표면 위부터 열이 가해진다. 뭉게뭉게 피어나는 구름으로 인한 수직운동은 지표면 위로 약 10 km되는 층까지 열을 전달한다. 이 지역을 대류권(trosposphere)이라 하는데('전환영역, turning sphere'라는 그리스어에서 유래), 이곳은 고도가 높아짐에 따라 평균기온이 낮아진다. 대기의 3/4이 대류권이기 때문에 지구의 바람권역은 대부분 사람의 영역권 내에서 영향을 미치고 있다. 대류권에는 지구 수증기의 90% 이상이 포함되어 있고, 이곳은 기체에서 액체나 고체로 변화하는 구름과 강수현상이 일어나기 때문에 '날씨(Weather)'는 대류권에 국한된다.

극지역의 에너지 부족으로 냉각된 공기가 모여 형성된 "공기덩어리"는 지구의 꼭대기에서 바닥까지 두 개의 거대한 파란 Jell-O(젤리과자의 일종)그릇이 뒤집어진 것처럼 놓여있다. 따뜻한 공기가 빨간 체리주스처럼 적도지역에 엎질러져 있어서 중위도 지역에서 Jell-O그릇에 얼룩이 져 있다고 생각해 보자(그림 2.3). 주스와 Jell-O의 접촉면은 지구의 주 '전선(戰線)'이고, 실제 전선은 따뜻한 공기와 찬 공기가 서로 밀어붙이는 전투지역이어서 그렇게 명명되어졌다. 이 전선은 때로는 가파르고 때로는 넓게 펴져 있다. 전선은 일반적으로 한랭한 공기덩어리가 커짐에 따라 겨울인 반구에서는 멀리 남쪽으로 이동하며, 여름에는 멀리 북쪽으로 이동한다. 이 장의 뒷부분에서 이들 전선에서의 날씨를 자세하게 살펴보자.

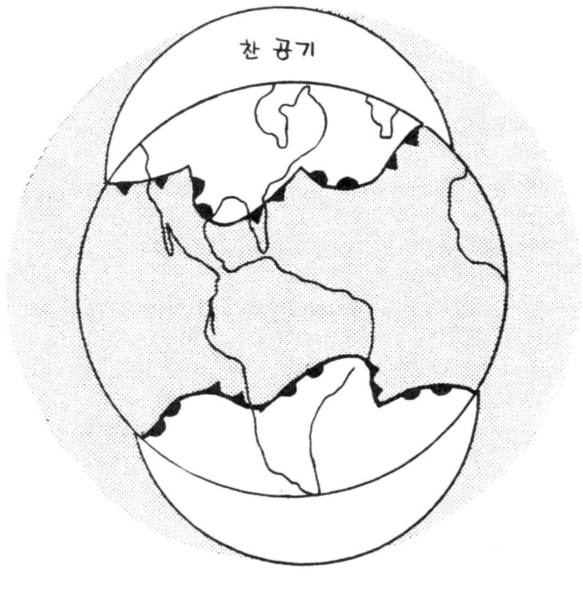

그림 2.3
찬 공기가 극지방을 덮고 있어 찬 공기 모자로 생각할 수 있다. 반면, 따뜻한 공기가 나머지 모든 지역을 덮고 있다. 따뜻한 공기의 접촉부가 지구의 주 '전선'이다(이 장의 후반부에 기호로 설명한 굵은 선).

■ 공기 덩어리의 존재와 전선을 다음과 같이 요약할 수 있다. 극지역과 적도지역간의 열에너지 차이는 극지방에 거대한 찬 공기의 모자를 만들고, 저위도지역에 튜브모양의 따뜻한 공기덩어리를 만든다. 이러한 극지역과 적도지역의 공기덩어리들은 끊임없이 접촉면을 따라 충돌한다. 이 전투지역이 지구의 주요 날씨인 "전선"을 형성하고 중위도 지역에 끊임없이 날씨를 변화시키는 것이다.

지구의 기류

커피에 크림을 넣어 발생하는 불규칙적인 소용돌이처럼 대기열의 불규칙한 수직분포는 대규모로 혼합되는데, 특히 따뜻한 공기와 찬 공기덩어리가 서로 충돌하는 중위도 지역에 주로 발생한다. 이 거대한 대기의 소용돌이는 태양의 정밀한 궤적과는 달리 불규칙하게 움직이기 때문에 계절이나 지구의 그림자를 표현하는 것만큼 날씨를 예측하기는 어렵다. 하지만, 중위도 지역의 날씨는 반복적이며 조직적인 과정을 형성한다. 이러한 연쇄과정을 설명할 수 있다면 날씨를 어느 정도는 예상할 수 있으므로 설계기법을 향상시킬 수 있다.

인공위성 기상예보를 보면 반경 1,000~3,000 km의 거대한 구름 소용돌이와 같은 대기의 소용돌이를 종종 볼 수 있다. 일기도에서 이 소용돌이들은 동일한(iso) 기압(bar)을 찾아 지표상의 점을 연결한 등압선(isobars)으로 나타나고 탐지된다.

결과적으로, 기압의 형태는 중심에 저기압(L)이나 고기압(H)으로 표시한 황소 눈 모양으로 비틀어진다. 고기압이나 저기압의 중심은 종종 동쪽에서 서쪽으로 차례로 연속하여 이어지고, 불안정한 날씨는 고기압보다 저기압에서 보다 자주 발생한다. 가정용 기압계로 이를 확인해 보면, 고기압 부분의 날씨가 '맑음'이라고 되어 있는 반면, 눈금 아래의 부분은 '폭풍우'라고 표시되어 있을 것이다. 그리고 몇 개의 일기도를 계속해서 살펴보면, 이런 소용돌이들은 보통 서쪽에서 동쪽으로 이동함을 알 수 있다(그림 2.4). 대류권 하부의 소용돌이는 대류권 상부의 서쪽에서 불어오는 강한 바람(제트기류)에 의해 동쪽으로 떠내려간다.

이러한 관계가 어떻게 유지되는지를 살펴보기 위해 일반기압계를 보다 자세하게 살펴보자. 특히 바람형태와 관련시켜 알아보자.

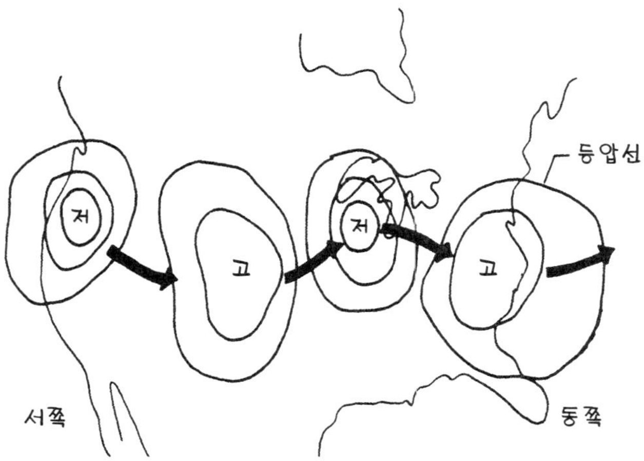

그림 2.4
날씨체계는 서쪽에서 동쪽으로 이동한다. 실선은 등압선으로 고·저기압계를 나타낸다. 굵은 화살표는 기압계의 이동방향을 나타낸다.

고·저기압 순환세포

그림 2.5 (a)는 전형적인 저기압계의 바람형태를 보여준다. 공기흐름은 시계반대방향의 내부로 향하는 거대한 나선형 톱니바퀴처럼 움직인다. 언뜻 보기에 공기는 자전거바퀴의 살처럼 저기압 중심으로 곧바로 흐를 것이라고 생각하기 쉽지만, 이것은 지구의 자전현상으로 변화된다. 아주 단순화하였지만, 다음의 설명이 이해를 도울 것이다. 빨래통에 물을 채우고 벽에 소용돌이 물회전

그림 2.5
(a) 저기압계의 전형적인 형태(북반구)로 시계반대 방향으로 중심을 향하는 구심적 나선형의 바람을 갖는다.
(b) 고기압계의 전형적인 형태(북반구)로 시계방향으로 중심으로부터 불어 나오는 원심적 나선형을 갖는다.

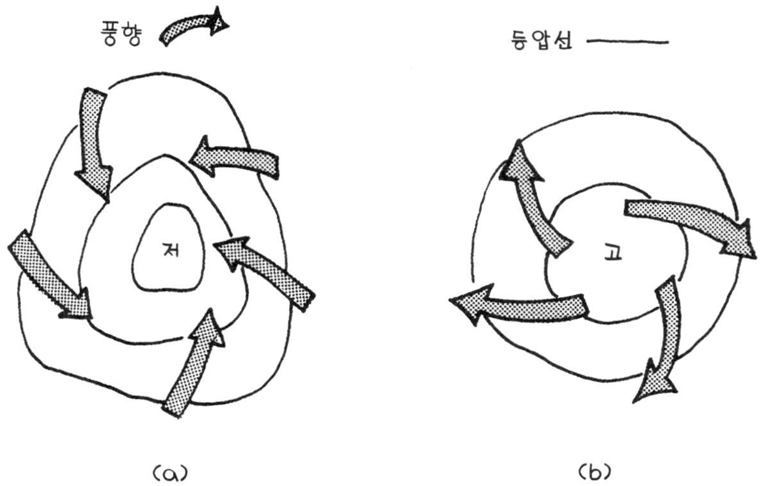

이 생길 때까지 돌린다. 그런 다음 전원을 끄면 물결은 안쪽으로 향하는 나선형이 될 것이다. 지구자전이 바람에 미치는 영향을 보다 자세히 알고 싶다면 기상입문서에서 '코리올리(Coriolis)[3]' 라는 항목을 참고하기 바란다. 공학자이며 수학자인 코리올리(Coriolis, 1792~1845)는 지구자전에 따라 바람의 변화양상을 설명하고 있다.

기류가 어떻게 저기압이 되는가? 공기는 지하로 빠져나가거나 소멸될 수는 없으니 원형중심부 나선형의 기류도 서서히 위쪽으로 상승해야 한다. 기류가 위쪽으로 상승할 때마다 저기압과 계속 만나서 팽창한다. 팽창은 냉각과정으로 이어지고 결국은 응결되어 구름과 강수현상이 일어나게 된다. 이로써 기상학의 기본법칙을 이해한 것이다.

3) 풍향에만 작용하는 힘.
전향력(deflecting force) - 적도지역을 제외한 지역에서 바람이나 모든 운동하는 물체는 지구의 자전작용으로 인해 북반구에서는 운동방향 우측으로, 남반구에서는 좌측으로 치우친다.

■ 불안정한 날씨는 기류상승 지역과 관련된다.

그림 2.5 (b)는 **바깥쪽을 향해 시계방향으로** 부는 전형적인 고기압 지역의 바람의 형태를 보여준다. 기류가 계속해서 지표와 가까운 고기압 지역으로 소용돌이쳐 나온다면, 이 기류는 어디에서 오는 것일까? 이제 기압계가 느리게 하강하는 기류와 관련되어 있음을 추측할 수 있으며, 이 기류는 지표면에 가까워질수록 압력이 증가하기 때문에 압축현상이 발생한다. 압축은 적은 양의 열을 발생시키는데 이것이 공기의 응축을 방해하여 구름발생을 억제하는 것이다.

■ 저기압 지역은 일반적으로 흐린 날씨를 갖는데 이는 지표근처에서 내부로 향하는 나선형의 기류가 상승하기 때문이다.

이는 기류가 높은 고도로 상승하여 팽창, 냉각, 응결, 강수현상을 유발한다. 반대로 고기압 지역의 날씨는 일반적으로 훨씬 안정적인 날씨를 갖는데, 이는 공기가 지표 근처에서 외부로 향하는 나선형기류가 하강하고 가라앉아 구름의 형성을 억제하기 때문이다.

바람과 기상전선

우리는 기압하강이 흐린 날씨와 어떻게 관련되는 지를 이해했다. 우리가 방금 언급한 내용을 적용해 보면, 기압하강은 서쪽에서 접근하여 내부를 향해 나선형으로 회전 와류인 저기압순환세포를 뜻한다. 지표면 한 곳으로 집중되어 수직상승하고 이 움직임으로 냉각, 응결되어 구름과 강수를 유발한다. 반대로, 하강운동은 고기압 순환세포로 접근하며, 기압상승과 관련되어 구름을 억제하고 맑은 날씨를 형성한다. 이러한 의미는 다음과 같다.

■ 기압변화의 방향과 속도는 압력추세(pressure tendency)[4]로 불리는데, 압력의 실제 값이기보다는 날씨를 예보하는 도구로 중요하다.

그러나 보다 자세하게 살펴보면 압력추세는 특히 강력한 저기압순환세포가 한 지역을 소용돌이치며 진행해 나아갈 때 종종 부드럽게 상승하거나 하강하지 않는다. 매우 잘 구축된 시스템에서는 빠른 기압강하의 저기압이 발생했음을 포착할 수 있게 해주지만, 차가운 동풍에서 따뜻한 남풍(바람은 항상 불어오는 방향에 따라 이름을 명명)으로 급변하여 종종 압력추세를 벗어나 안개를 발생시키기도 한다. 압력추세는 점점 힘을 회복하여 빠르게 증가하나, 따뜻한 남풍에서 찬 북서풍으로 뚜렷한 변화가 있은 후에만 가능하다. 이러한 바람과 기압, 기온에서의 상호조정현상은 찬 공기덩어리와 따뜻한 공기덩어리 사이에 전선이 형성되어 있음을 뚜렷이 보여주는 것이다. 앞서 남쪽을 향하는 찬 공기와 북쪽을 향하는 따뜻한 공기가 뒤섞이는 상태가 거대한 대기 소용돌이의 주요작용이라고 제시했으므로, 바람을 동반한 전선과 날씨의 상호작용에 대해 더 자세히 알아보자.

전형적인 저기압 순환세포에서 지표면 근처의 바람은 세 가지 기류로 나타낼 수 있다(그림 2.6 a). **시원한 기류**는 동풍을 타고 기압접촉부의 중심으로 들어와 기압이 급강하 한다. **따뜻한 기류**는 약한 압력추세로 남쪽에서 불어 올라온다. 순환세포의 서쪽으로 이동하며 **찬 기류**의 날개에서 북서쪽으로 기압상승이 강하게 일어남을 알 수 있다.

---

4) 등압선의 간격이 조밀한 곳은 기압의 변화가 심하고, 간격이 넓은 곳은 기압의 변화가 완만하다. 이러한 기압변화는 단위거리에 대한 기압의 차로써 표시하며 이를 기압경도(pressure gradient)라 한다.

그림 2.6

(a) 전형적인 세 가지 기류로 동쪽의 찬 기류, 남쪽의 따뜻한 기류, 북쪽의 찬 기류가 저기압순환 세포와 관련된다. 따뜻한 기류와 찬 기류는 '한랭전선(cold front)'으로 분리되고, 따뜻한 기류와 시원한 기류는 '온난전선'으로 분리된다. A–B선과 C–D선은 본문에서 논의한 두 개의 가능한 폭풍진로이다.

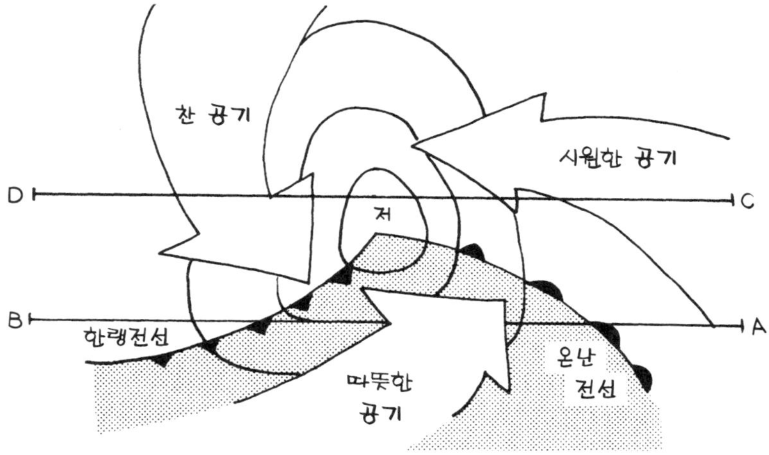

(b) 찬 공기가 따뜻한 공기 아래에서 위로 밀어 올려 응결시켜 구름이나 강우를 유발하는 전형적인 한랭전선의 단면

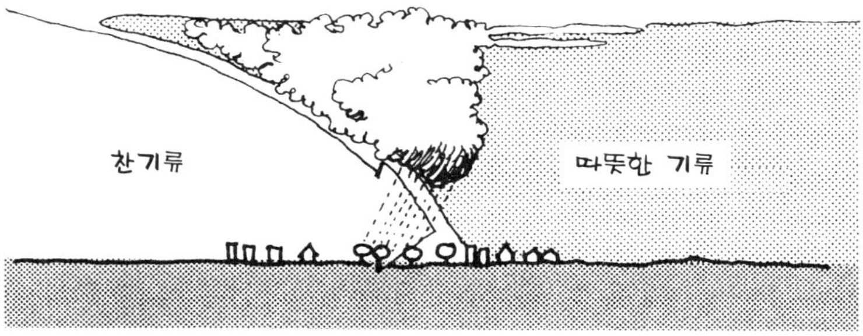

(b)

(c) 따뜻한 공기가 시원한 공기를 위쪽에서 밀어붙이는 전형적인 온난전선의 단면. 비록 한랭전선과 관련된 날씨처럼 난폭하지 않지만 이 또한 응결하여 구름 그리고 강우를 유발할 수 있다.

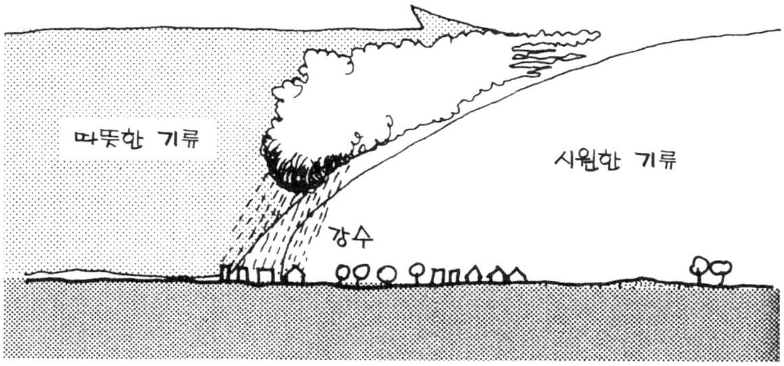

(c)

지구의 주요 찬 공기 덩어리들이 극지방 위에서 뒤집어 놓은 푸른 Jell-O 그릇모양으로 따뜻한 적도지방 공기를 누르고 있는 형상을 다시 생각해보자. 그림 2.6 (a)는 그림 2.3의 찬 공기덩어리의 끝에서 나타난 하나의 파장을 확대, 세부적으로 나타낸 그림이다. 저기압의 차가운 서쪽기류는 신선하고 차가운 극 지역의 공기방울을 끌어 당겨서 북서쪽 바깥 따뜻한 기류 서쪽면으로 몰아간다(그림 2.6 b). 이 두 기류의 온도차로 인해 적도지방 대기 아래로 거대한 극지방 대기가 파고든다. 이 충돌지대에서 보통 수직상승이 강화되어 강한 소나기구름이나 폭풍우를 일으키게 된다. 이런 구역이 서쪽에서 동쪽으로 가로질러 놓이면 찬 기류의 바람도 급속하게 이동하므로 이를 **한랭전선(cold front)**이라고 한다.

저기압 앞의 찬 동쪽 기류는 극지역의 공기를 크게 밀어내지 못한다. 그래서 따뜻한 기류가 저기압 앞에서 차가운 남쪽기류를 밀어낼 때만 전선을 형성할 수 있는 충분한 온도차가 생긴다(그림 2.6 c). 온도차가 충분할 경우, 따뜻한 공기는 찬 공기 위로 미끄러져 올라가 구름과 강수현상을 생성한다. 기류가 찬 기류에서 따뜻한 기류로 이동하는 지대를 **온난전선(warm front)**이라고 한다.

강한 저기압 순환세포는 서쪽의 차가운 공기와 동쪽에서의 시원한 공기 둘 다 가지고 있는 따뜻한 기류와 강하게 충돌한다. 이 경우 전선 양쪽에 구름과 강우가 추가로 발생하는데 위성사진에서 잘 보여주고 있다(그림 2.7).

나선형 바깥쪽으로 바람이 부는 고기압지역은 공기덩어리를 중심에서 가장자리로 밀어낸다. 고기압순환세포는 전형적으로 강한 저기압 뒤에서 부풀어오른 극지역 공기 속으로 스며든다.

이 위치에서 기압의 동쪽 절반부는 동향의 찬 기류로 보내지고, 반면 서쪽의 절반부는 찬 기류와 섞인다(그림 2.7).

그림 2.7

위의 위성사진은 북미의 넓은 지역에 걸친 구름형태를 나타낸다.

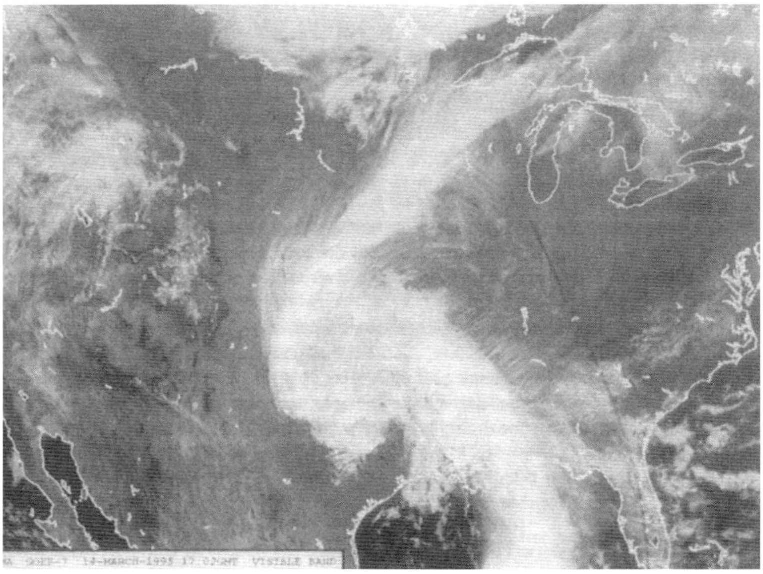

아래는 이들 구름과 관련된 기상도를 해석한 것으로 한랭·온난전선과 관련된 구름을 보여준다.

이제 우리는 거대한 고·저기압이 어떻게 소용돌이치는지, 그리고 전선에 따라 극기단과 적도기단이 충돌하여 적도지방을 거쳐 위도지역에서 끊임없이 변화하는 날씨를 전체적으로 살펴볼 수 있다(그림 2.8).

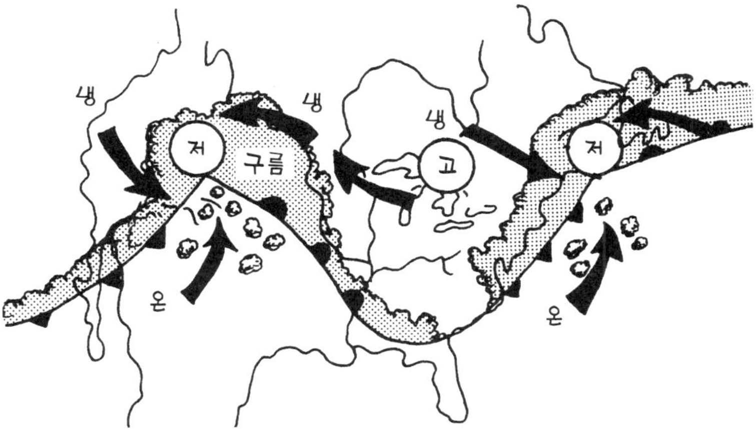

그림 2.8
전선, 저·고기압기류와 날씨가 흐린 지역의 종합개념도. 이 종합도에서 알 수 있는 일기도는 서쪽에서 동쪽으로 걸쳐 발달하고 있는 다양한 날씨를 보여주고 있다.

■ 구형의 지구와 자전축의 기울기는 극지역에 찬 공기덩어리와 적도지역에 따뜻한 공기덩어리를 만들어 온도차를 발생시킨다. 온도경도와 관련된 모든 유체시스템은 온도경도를 완화하기 위해 일정한 소용돌이 구조를 발달시킨다. 이러한 구조 중 대기시스템이 가장 크며, 대류권 하부의 고·저기압순환세포를 돌아다닌다. 이 순환세포들은 결코 극지역과 적도지역의 온도 차이를 완화시키지는 못하지만, 완화시키려는 끊임없는 시도로 매혹적인 날씨 변화가 일어난다. 이 순환세포들은 대류권 상부의 서쪽에서 동쪽으로 이동하는 거대한 공기흐름에 의해 힘과 운동이 발생한다. 그 결과, 우리는 서쪽에서 다가오는 날씨변화를 볼 수 있다. 고기압지역은 하강기류라는 특성을 가지며 구름의 형성을 감소시킨다. 지표근처에서 바깥으로 향하는 하강기류는 중심에서 공기덩어리(기단) 가장자리로 밀며 소용돌이친다. 반대로 저기압 순환세포의 소용돌이는 안쪽과 위쪽으로 향한다.

상향운동은 공기를 냉각시켜 구름과 비를 발생시키고, 내부로 향하는 운동은 기압중심에서 극과 적도지방의 공기와 강하게 충돌한다. 남쪽에는 따뜻한 적도지방의 공기가 상승하여 기압순환세포의 중심뒤쪽에 이르는 한랭전선대를 따라 날씨가 흐려진다. 따뜻한 기류가 최저 기압에서 찬 동풍과 강하게 충돌하면 일반적으로 다른 지역의 날씨가 악화되기도 한다.

잘 발달된 한냉·온난전선을 동반한 저기압 공동부가 여러분의 위치에서 북쪽을 지나갈 때 날씨는 그림 2.6 (a)의 A－B선을 따라 다음과 같이 나타난다. A의 차가운 기류의 동풍은 구름의 증가와 기압 강하를 동반한다. 온난전선이 접근할 때 강우가 생기지만(그림 2.6 c), 온난전선이 지나가고 나면 감소되거나 그치고 따뜻한 동풍으로 변하는 것을 보게 된다. 따뜻한 기류대가 지나가면 다음으로 흐린 날씨를 가진 한랭전선이 접근한다(그림 2.6 b). 그리고 나서 차가운 기류가 북서쪽에서 몰아치고 기압이 갑자기 상승할 것이다. 저기압이 동쪽으로 이동함에 따라 고기압으로 바뀌고, B의 위치에 도달한 후에 날씨는 안정될 것이다.

저기압이 여러분의 위치에서 남쪽으로 지나가면 그림 2.6 (a)의 C－D선을 따라 날씨가 나타나게 된다. 기압계가 다가옴에 따라 동쪽의 차가운 기류에서 구름과 강우가 발달할 것이다. 여러분의 위치에 차가운 기류가 도달함으로써 점차 바람은 북서풍으로 바뀌지만, 결코 전선의 남쪽에 인접한 따뜻한 공기덩어리를 즐길 수는 없을 것이다. 결과적으로 고기압은 D의 서쪽에서 다시 날씨를 안정시킬 것이다.

앞의 두 문장에서 묘사된 날씨변화는 반복해서 일어나는데, 어떤 때는 뚜렷하고 어떤 때는 미미하다. 시각적으로 조금만 연습하면 교향곡에서와 같이 반복되는 주제를 찾아내는 음악적 청력처럼 뚜렷하거나 미미함을 간파할 수도 있다. 외부경관에서 활동하는 어느 누구라도, 날씨를 이해하기 위해서 이러한 틀을 세우는 것은 유용하다. 설계는 한랭전선의 도발을 인지할 수 있고, 부지조사를 더 편안하게 수행할 수 있으며, 새로운 조경작품에 대해 훨씬 자신감을 갖고 계획할 수 있다. 하지만 보다 중요한 것은 조경설계에서 때로는 가장 중요한 역할을 수행하는 기상자료를 이용하여 작품의 질을 향상시키는 것이다.

기후 : 다양한 날씨변화의 예측

앞 절에서 기상체계가 어떻게 저기압에서 고기압으로 또는 그 반대로 변화하는지를 설명했다. 이와 같은 유형화된 순서에도 불구하고, 기상은 시간에 따라 속도와 강도가 다양하게 변하기 때문에 완벽하게 예측할 수 없다. 일정기간 동안에 걸쳐 일어난 날씨를 집계하여 기상자료집을 작성하는 것은 매우 유용하고 쉬운 작업이다. 그러한 집계기간은 공식적으로 30년으로 정해져 있고, 10년마다 이런 30년간의 평균자료는 갱신되어야 한다. 표 2.1은 기압소용돌이가 발생하는 위도가 다른 기상대 3곳의 일반 기온자료를 보여준다.

표 2.1 전선체계에 영향을 받도록 위도가 다른 기상대 3곳의 일반 기후자료 : 텍사스의 휴스턴, 매니토바의 위니페그, 노스웨스트의 옐로우나이프 지역

	JAN	FEB	MAR	APR	MAY	JUN	JUL
Houston	12	13	17	21	24	27	28
Winnipeg	−19	−16	−8	3	11	17	20
Yellowknife	−29	−25	−19	−7	5	13	16

	AUG	SEP	OCT	NOV	DEC	YEAR
Houston	29	26	22	19	12	21
Winnipeg	18	12	6	−5	−14	2
Yellowknife	14	7	−2	−14	−24	−5

이미 기술된 주요 원리의 적용은 이 자료에서 파악할 수 있다. 첫째, 태양은 여름에 북반구로 이동, 대기 온도를 상승시키는 보다 강력한 태양에너지가 도달되어 평균기온은 여름에 당연히 높게 나타난다. 둘째, 여름에는 찬 공기덩어리가 수축되고 혼합전선대는 더 북쪽으로 이동한다. 그래서 최남단 기지국인 휴스턴(Houston)은 차가운 공기발생의 방해가 없는 적도기단이 오랫동안 지속되어 측정된 세 지역 중 가장 따뜻한 평균기온을 유지한다. 셋째, 겨울에 찬 공기덩어리는 남쪽으로 확장하여 한기가 심해지는데, 이는 북쪽 위도지역에서 태양복사에너지가 약화되거나 사라지기 때문이다.

옐로우나이프(Yellowknife)는 거의 계속해서 차가운 Jell-O에 갇혀 있고, 위니페그(Winnipeg) 또한 맑고 차가운 공기가 이 지역을 자주 추운 날씨로 만드는 폭풍 뒤에 형성됨으로써 혹독한 겨울이 된다. 휴스턴은 차가운 극지방의 기후가 거의 유지되지 않아 세 지역 중 가장 온화한 겨울을 갖는다.

또한, 바람의 기상자료를 통해 기류가 작용하는 개념을 살펴볼 수 있다. 표 2.2는 중위도지역 온타리오 기상국의 자료를 보여준다. 당해연도 월별 자료가 합산된 연평균 자료를 살펴보면 가장 빈번한 풍향은 남서, 서, 북서풍이다. 따라서 온타리오 기지국은 '편서풍'이라 불리는 바람대에 놓여 있다. 세 개의 기류로 구분하여 일별로 바람을 다시 정리해 보면, 이 기지국은 보통 따뜻하거나 차가운 기류인 시간대가 2/3 이상이다. 이런 기류는 주로 나침판 방위의 남서와 북서 사이에서 불기 때문에, 연중 바람자료에 부합한 움직임을 이해할 수 있다. 월별 자료를 보면 온타리오 기지국은 겨울에 찬기류, 여름에는 난기류가 자주 오는 것을 보여준다. 즉, 1월에는 북서풍이 많이 불지만 7월에는 남서풍이 많음을 알 수 있다. 비록 이런 움직임은 설계작업에서 중위도 모든 기지국에 가정되지만, 어떤 지역에서는 호수나 저수지 등 수공간의 근접과 같은 특수한 영향이 독특한 상황을 만들 수 있는 것처럼 각 경우를 주의 깊게 살펴보아야 한다.

표 2.2 1월의 30년 주기 풍향에 관한 빈도 자료(시간의 백분율)
: 중위도 온타리오 기지의 10m/s 이상 1월의 바람자료

구분	연평균	1월 평균	겨울바람 > 10m/s
N	6	5	2
NE	4	3	1
E	10	9	24
SE	11	9	2
S	11	12	8
SW	16	17	19
W	17	24	31
NW	14	18	13
Calm	11	3	0

기상자료의 제한조건

일반 표준 기상자료는 우리들에게 전 지구적 기압체계와 기류들이 결합되어 나타나는 영향이나 계절변화에 따라 하지에서 동지로의 태양이동에 따른 효과 등을 알 수 있게 해준다. 그러나 표준자료들의 평균값은 통상 조경설계에서 요구되는 최상의 기상자료는 아니다. 일반적으로 설계문제의 특성에 따라 특수한 요구조건을 만족시킬 수 있는 기상자료가 필요하다.

■ **이와 같은 제한적인 조건의 기후학의 경우에 일반적 기상자료로는 충족되지 못한다. 특수정보는 기상학 관련 전문가에게 요청해야 할 경우도 있다.**

조건제한적 기상자료의 필요성은 겨울철 내리는 눈의 조절에 관련된 설계문제로 설명할 수 있다. 표 2.2는 표준기후지역의 30년간 1월별 평균 풍속, 풍향 자료이다. 이 자료는 서풍에 대한 관리가 필요함을 보여준다. 바람이 강할 때 눈이 날리게 되고, 이것은 초당 10 m/s 이상의 풍속(표 2.2 셋째 줄)이 발생했을 때 일어나는 것으로서 이때 일련의 평균 풍향자료가 요구되는 새로운 설계문제에 직면하게 된다. 이 자료조건은 저기압 뒤의 차가운 공기가 서측에서 강하게 폭발되거나 겨울폭풍에 앞선 찬 동풍기류의 강한 공격에 대비해 보호조치를 취해야 함을 알려준다. 이렇게 동풍에 대비한 보호조치가 필요함을 예측하는 것은 표준자료만으로는 어려운 일이다.

한 여름에 사용하고자 하는 옥외 파티오 공간을 설계한다고 가정하자. 우리의 목표는 더운 낮에 이 장소를 쾌적하게 유지하는 것으로 조건에 맞는 기상자료를 필요로 한다. 일 최고기온이 월별 평균최고기온보다 높은 날들에서 오후의 풍향은 어떠한가? 이 분석을 통해 발생가능한 풍향을 고려하여 최대한 시원한 바람의 효과를 유지해야 할 것이다. 우리는 그 장소가 동서쪽에서 형성되는 따뜻한 기류의 영향을 받는 날들을 미리 예측할 수 있지만, 보다 좋은 설계를 하기 위해 각 특정 지역들에 대한 바람체계를 조사해야만 한다. 호수, 계곡이나 고도 등의 영향이 지역의 공기흐름을 조절하기 때문이다.

또 다른 예로서, 적정한 조경설계 조작으로 가을철 공원이용시 여건을 향상시킬 수 있는 방안을 알아보자. 우리는 설계자료로써 활용하기 위해 기온이 보통 이하이고 날씨가 흐린 날의 풍향을 조사할 것이다. 이 자료를 근거로 차가운 기류에 대한 보호대책을 마련하여 가을에 편안함을 증진시키고 공간이용을 향상시킬 수 있다. 이러한 조건 기후학은 종종 그 지역의 평균기후와는 일치하지 않을 때가 있어 좋은 조경설계를 위해 중요하다.

■ 조경설계 문제들은 종종 고 · 저기압 공동부로의 이동을 동반하는 세 가지 기류들 중 하나 또는 둘과 관련된 날씨조건에 대하여 이를 특별하게 보완하거나 제한시키기는 것을 필요로 한다. 그러나 전통적 기상자료는 반복적으로 나타나는 모든 기류들의 출현과 소멸의 기상조건들을 합쳐 평균을 산출 해내었기에 매우 극단적인 기상 사건들에 대한 영향들을 보여주지 못하는 경향이 있다. 최적의 결과를 도출하기 위해 조경가는 설계에서 가장 크게 문제시되는 특정 일기 조건에 대한 조건적 기상자료 요구안을 작성할 필요가 있다. 예로서, 어떤 기온조건에만 부합하는 다양한 풍향의 빈도를 요구할 수도 있다. 종종 그러한 조건적 기후학이 일반적인 기상자료가 제시하는 것보다 훨씬 특별하고 성공적인 설계작업을 이루어 낸다.

생각해볼 것

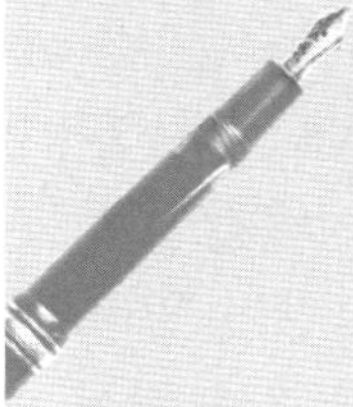

1. 어린이가 당신에게 '날씨를 어떻게 예측해요?'라고 질문했다고 가정하자. 당신은 어떻게 대답하겠는가?
2. 당신은 외딴 지역에서 카누여행을 하고 있다. 함께 여행하는 사람들은 당신이 이 책을 읽었다는 것을 알고서 지금 여행의 일기예보자가 되어주기를 기대한다.
   - 당신은 날씨가 점점 흐려지고 동쪽으로부터 바람이 강한 곳에 캠프를 설치했다. 당신의 동료가 다음날 아침날씨가 어떨지를 묻는다.
   - 이후에 당신이 카누에서 노를 저을 동안 공기는 따뜻하고 습하다. 서쪽하늘이 어두워지고 천둥치는 소리가 들린다. 당신의 대응방안은 어떤가? 내일 날씨가 어떨 것이라고 생각하는가?
3. 1장에서 기술한 버스정류장으로 돌아가 생각해보자. 날씨체계, 풍향, 기온, 기압경향 등이 당신이 있는 지역에 어떤 영향을 주고 있는가? 주위에 잠시 피할 수 있는 좋은 장소를 찾을 것이라고 생각하는가? 위치, 방위와 관련된 조경요소를 기술하시오.
4. 다음 계획에 대해 당신이 필요한 조건적 기상요소를 제시하라.
   - 옥외 계단식 관람석 설계
   - 야외 버스환승지역의 개선
   - 수영장 주변 조경

3장 미기상학과 에너지 평형

지역의 기후는 국부적인 경관과 상호작용하여
독특한 미기후를 만들어낸다.
미기후는 에너지 평형개념에 의해서 분석될 수 있으며,
이를 통하여 에너지 흐름을 조작할 수 있는 방법을 파악하여
조경설계에 적용할 수 있는 것이다.

들어가면서

우리는 수많은 이동압력체계들이 서로 결합되어 지역적 규모의 대기후(macroclimate)를 형성하고 있다는 것을 이해하게 되었다. 그러나 어느 한 지역의 거시적 기후는 지역경관과 상호 작용하여 특이한 결과를 창출해내기도 한다. 지역적 기후와 국부적 미기후 간의 차이는 조경설계에 매우 중요하다. 대기후는 우리가 조작하여 만들어낼 미기후의 자료를 제공해준다.

3장에서는 대규모 기후가 경관요소에 의해 어떻게 서로 영향을 주고받는지를 알고자 한다. 따라서 여러분은 설계의 목표기준을 달성하기 위해 미기후를 조작함에 있어 기술적으로 확신을 갖게 될 것이다.

우리는 다음의 내용을 학습할 것이다

- **에너지는 미기후 분석의 핵심요소이다.**
- **지역의 미기후는 태양에너지가**
  - **(1) 공기 중으로의 대류**
  - **(2) 증발**
  - **(3) 소규모 지역의 물체들을 가열함**

  에 의해 소모될 때 결정된다.

의도대로 불필요한 에너지를 완전히 제거할 수는 없지만

- **우리는 에너지를 차단하거나 전도시킬 수 있고, 그 수요자들에게 에너지를 배분하여 조절할 수 있다.**

이 방법들이 목적에 맞게 미기후를 조작하는 가장 적합한 방법이다.

■ **우리는 복사, 바람, 에너지 배분을 통해 대상지를 바람직하게 조절할 수 있다. 바람은 공기 중의 열과 습도를 조절하는데 매우 효과적이므로 우리는 온도와 습도를 인위적으로 변화시키는 것을 최소화할 수 있다.**

여러분이 온도계나 습도계를 손에 들고 여름철에 대형녹음수가 식재된 넓은 잔디밭이나 타는 듯이 뜨거운 주차장을 가로질러 가고 있다. 그러면 여러분은 자신들이 관찰한 각 지역 간 온도와 습도의 작은 차이를 압도하며 각 미기후들의 '느낌'과는 또 다른 큰 차이를 발견할 수 있다. 여기서 실제로 문제시 되는 것은 에너지와 바람의 차이점이기 때문에, 온도와 습도를 다루는 능력이 다소 부족하더라도 심각한 장애요소는 아니다.

물론, 우리는 어떤 지역을 식물 등으로 피복하여 강수량을 조절할 수 있다. 그러나 이러한 조절방법은 복사와 바람까지 같이 변화시키기 때문에 독립적으로 강수량만을 조절할 수는 없다. 미기후요소들은 서로 혼합되어 있다. 에너지는 이와 같이 요소들을 조화롭게 뒤섞는 숟가락이며, 미기후를 고려하여 성공적인 조경설계를 이끄는 열쇠이다.

태양복사

태양력의 유입

미기후의 엔진을 작용시키는 힘은 태양복사에너지이다. 태양에너지는 삼등분된 파장의 범위를 가지며 대략 종의 모양으로 분배된다(그림 3.1 참조).

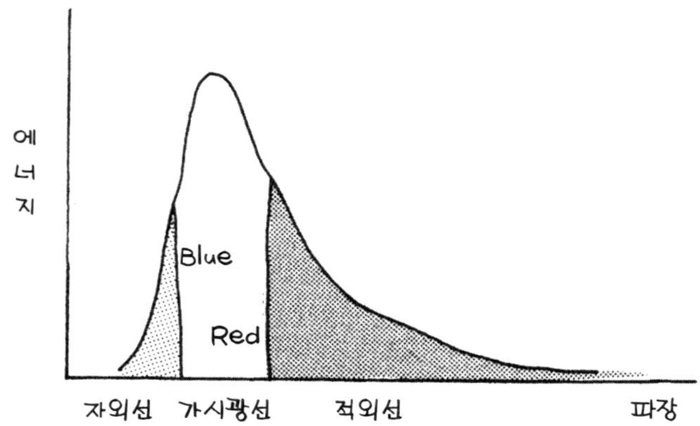

그림 3.1
태양에너지는 매우 짧은 자외선파장에서 비교적 긴 적외선 파장까지 매우 다양하다. 모든 파장에 따른 에너지의 분산은 바로 옆의 그림에 제시하였다.

첫 번째 부분은 눈으로 보기에는 아주 짧은 파장의 자외선으로 이루어져 있다. 대부분의 자외선은 성층권에 필요한 오존을 생산하는데 쓰인다. 인류가 염화불화탄소와 같은 화학물질의 사용으로 인해 성층권의 오존이 감소하여 지구표면에 도달하는 복사량을 증가시킨다. 오존의 감소는 피부와 눈에 피해를 줄 수 있기 때문에, 어떤 부지에서는 설계의 주요목표가 차폐를 통한 그늘형성이 될 수 있다.

대부분의 태양에너지는 거의 동일한 크기의 두 부분으로 존재하게 된다. 첫 번째는 우리가 볼 수 있고 식물의 광합성에 이용되는 가시광선이며, 두 번째는 가시광선 스펙트럼의 적색 끝부분을 벗어난 적외선이다. 잎들은 이 에너지를 생장에 사용할 수 없기 때문에 적외선은 반사나 전도되어 차단된다(그림 3.2).

잎은 일반적으로 가시광선의 약 10%와 적외선의 절반 정도를 전도시키기 때문에, 태양 에너지의 약 25%가 단층으로 된 잎의 하부에 이용될 수 있다. 다층으로 된 잎은 전도를 감속시키지만, 항상 나무 밑에서는 눈에 보이는 것보다는 더 많은 양의 유용한 태양복사에너지가 존재한다.

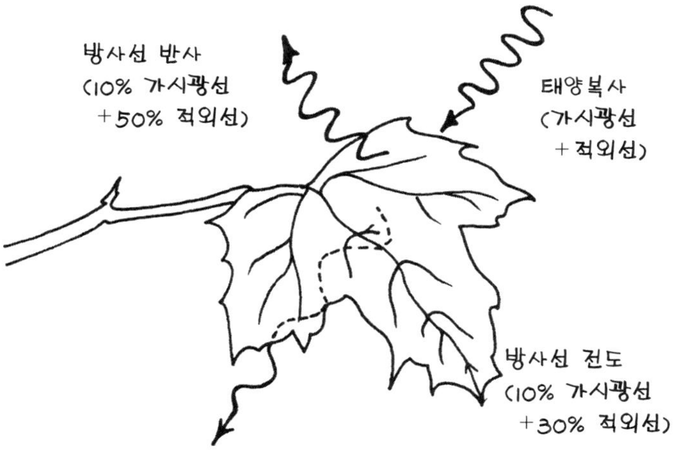

그림 3.2
잎은 가시광선의 많은 부분을 흡수하고 이용하지만, 보이지 않는 적외선 복사의 많은 부분을 반사하고 전도한다.

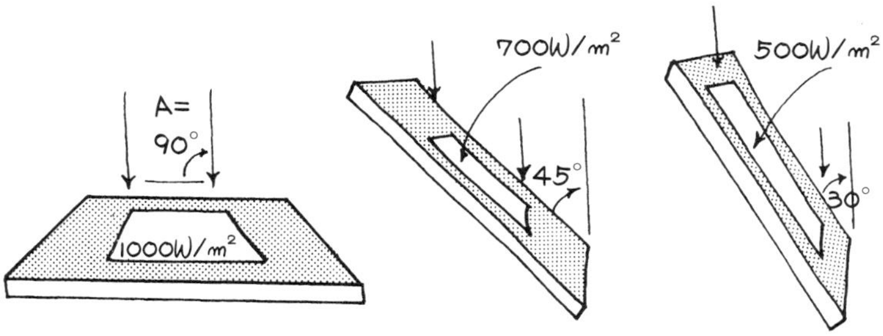

그림 3.3
태양으로부터 표면에 직접 받는 에너지(직사광선)와 여러 각도로 경사진 표면에 받는(사각광선) 관계는 다음과 같다 ;
시각광선에너지 = (직사광선에너지) × (sine A)

우리는 태양에너지의 유입을 그늘막을 이용하여 효과적으로 조절할 수도 있지만, 또한 태양광선과 지표면사이의 각도를 이용하여 조정할 수도 있다. 앞장에서는 이 개념을 이용하여 적도와 극지역에서 받는 태양에너지의 차이를 설명하였다. 우리가 손전등을 기울여 광선이 원에서 타원으로 바뀜에 따라 조도가 얼마나 약해졌는지를 기억해보자. 약 1,000와트(Watt)의 태양광선이 맑은 날에는 1 m 정방형에 직접적으로 비추지만, 표면이 45° 기울어지면 같은 크기의 정방형에 700와트(Watt)의 광선이 도달한다. 조금 더 기울여서 30°의 각도를 유지하면 에너지는 500와트(Watt)로 떨어진다(그림 3.3).

반사와 순 태양복사량

잎에 의한 태양복사의 반사율은 표면에 반사된 태양광선율, 즉 '알베도(albedo)' 수치로 일반화 할 수 있다. 이와 같은 반사기능은 표면상태에 따라 매우 다양하다(표 3.1).

표 3.1 일반 경관요소의 알베도율, 방사율과 열 전도성

	알베도 (%)	방사율 (%)	열의 유입 (J/m^{2}$_{5}$ $^{1/2}$K)
토양	5~75	90~98	
검은 빛의 습한 경작지	5~15		
회색의 습윤토	10~20		
건조한 사질토	25~35	84~91	
젖은 사질토	20~30		
건조한 모래언덕	30~75		
건조한 토양			600
젖은 토양			2500
식생	5~30	90~99	
잔디	20~30	90~95	
잔디밭	3~15		
밀밭	15~25		
초원(목초지)	10~30		
교목림	15~20		
갈색 초지	25~30		
숲	5~20		
낙엽수림	10~20		
침엽수림	5~16	97~98	
늪지수림	12	97~99	
물	5~95	92~97	1500
물(높은 태양각)	5	92~97	
물(낮은 태양각)	95	92~97	
눈(새로운 눈)	70~95	99	130
눈(오래된 눈)	40~70	82	600

도시표면			
아스팔트	5~15	95	
콘크리트	10~50	71~90	
벽돌	20~50	90~92	950
돌	20~35	85~95	
타르와 자갈지붕	8~18	92	
타일지붕	10~35	90	
스레트지붕	10	90	
초가지붕	15~20		
함석	10~16	13~28	
흰색 페인트	50~90	85~95	
붉은색, 갈색, 녹색페인트	20~35	85~95	
검은색 페인트	2~15	90~98	
대기			
안정			5
교란			400

물의 알베도율은 처음 상태(5%)에서 눈(95%)이 쌓였을 때와 같이 알베도율이 양극단에 놓일 수 있는 광대한 자연적 표면이다. 따라서 여러분이 반짝이는 호수를 한눈에 볼 때처럼, 낮은 각도에서 보이는 물의 알베도율은 놀랄만큼(95%) 증가한다. 밝은 흰 페인트(90% 이상)에서 완충벽돌(20~50%) 혹은 아스팔트(5% 이하) 등의 다양한 알베도율을 가지고 있는 인공재료를 혼합 사용하여 조경설계가들은 조절능력을 적절히 발휘할 수 있다.

태양이 설계부지의 미기후에 미치는 영향을 이해하기 위해서, 우리는 태양광선의 유입과 반사가 일치하도록 할 필요가 있다. 우리는 부지에서 복사량을 일정하게 유지해야 한다는 것이 매우 중요하다는 것을 알고 있다. 이것을 간단하게 말한다면, 차단되는 복사량과 반사되는 복사량의 차이 또는 순 태양복사량이라고 할 수 있다. 만일 우리가 퍼센트(%)대신에 10진법으로 알베도율을 나타내면(예를 들어, 60%는 0.6으로 표현된다),

순태양복사율 = 태양에너지 차단율 − 태양에너지 반사율
= (1 − 알베도율) × 태양에너지 차단율

예를 들어, 500와트(Watt)의 태양광선이 표면재료의 알베도에 따라 보존양이 달라짐을 살펴보자. 만일, 표면재료의 알베도율이 80%(상당히 높은 반사율)라면 단지 100와트(Watt)만 보존할 수 있을 것이다. 하지만 알베도 20%의 어두운 흡수체를 사용한다면 최종 태양에너지는 400와트(Watt)가 보존될 것이다. 4배 이상의 태양력이 표면의 어두운 정도에 따라 더 많이 보존된다. 태양광선의 유입이 구름으로 가려진다 해도 여전히 순태양복사량을 조절할 수 있는 엄청난 가능성이 있는 것이다.

■ **조경설계가의 임무 중 하나는 부지에서 포착할 수 있는 순태양에너지량을 관리하는 것이다. 이는 다음의 항목으로 가능하다.**

1. 태양광선을 수용하거나 차단

2. 설계공간에서 태양광선과 물체사이의 각도조절

3. 설계공간에서 대상물들의 태양복사율(알베도율)의 선택

이러한 원리는 7장의 예제에 수록되어 있다.

지구복사

태양복사보다 긴 파장을 가지고 눈에는 보이지 않지만 미기후에 매우 중요한 또 다른 복사에너지가 있다. 이는 지구복사인데, 구름과 하늘같은 지구상의 모든 물체에서 방출된다.

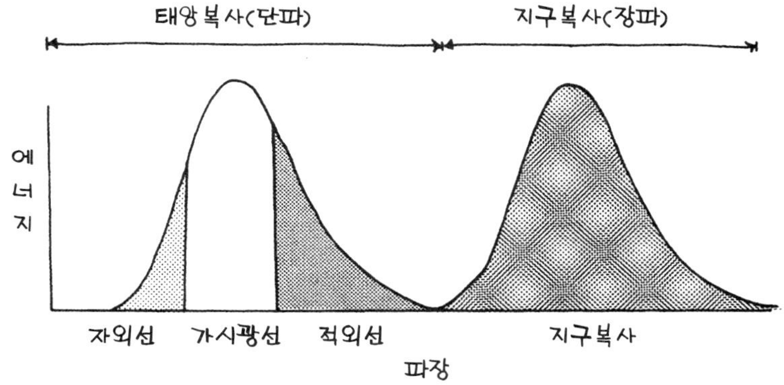

그림 3.4
지구는 태양복사(단파)를 받고 지구복사(장파)를 방출한다. 사실상, 이 두 형태의 복사파장은 겹치는 부분이 없기 때문에 분리할 수 있다.

그림 3.4와 같이 지구에 흡수되는 태양에너지와 방출되는 지구복사에너지를 나타내는 두 곡선그래프를 나란히 놓고 보면, 두 곡선이 차지하는 지역이 거의 같고 두 곡선 간에는 중복되는 부분이 거의 없다는 것을 주목하게 된다.

태양에너지는 지구방출보다 약 20배 짧은 파장에서 정점을 이루기 때문에 우리는 두 에너지 체계를 완전히 분리해서 안전하게 다룰 수 있다. 태양복사와 지구복사는 종종 '단파'복사와 '장파'복사로 불린다. 두 곡선의 영역이 동일하게 유지될 때 지구의 평균기온은 안정적이다.

수목, 하늘, 이 책, 그리고 우리자신들을 포함한 지구상의 모든 물체가 에너지를 방출한다는 사실이 놀라울 것이다. 이것은 모든 지구상의 미립자들이 일정한 움직임, 적외선 파장과는 다른 라디오 방송 안테나의 순간적인 진동 같은 움직임을 가지고 있기 때문이다. 방송파의 폭은 온도로 조절되기 때문에, 장작난로의 위쪽과 같은 뜨거운 물체로부터 느껴지는 장파복사에 주목한다. 백년전 19세기 후반, 복사와 기체이론에 중요한 공헌을 한 오스트리아 물리학자인 슈테판(Stefan)과 볼츠만(Boltzmann)은 에너지와 기온의 관계는 기온(T)이 섭씨온도일 때 다음의 법칙을 따른다고 하였다.

$$\text{Energy} = S \times (T + 273)^4$$

만일 우리가 S에 1 W/m^2의 에너지 값으로 5.67×10^{-8}을 대입하면 다음 식에 따라 30℃에서 나무나 벽돌벽이 방출하는 에너지량을 계산할 수 있다.

$$\text{Energy} = (5.67 \times 10^{-8}) \times (30 + 273)^4 = 478\ \text{W/m}^2$$

따라서 주변 벽들은 우리가 햇빛에 노출될 때 받는 1,000W/m^2의 단파에너지에 거의 500W/m^2의 장파에너지 더해주는 것이다. 지구상의 장파에너지를 미기후조작에 필요한 수치로 나타내야 한다.

슈테판－볼츠만 법칙은 이론적으로 최대 가능한 에너지 방출율을 제공하는데, 실제 상황에 적용하기 위해서는 조금 수정되어야 한다. 방정식의 해답은 '방출율'이라 불리는 수정요소를 곱하지만, 표 3.1의 두 번째 행에서와 같이 조경설계의 대상물들에서는 항상 0.9보다 큰 수치임을 보여준다. 그래서 실제의 10% 이내의 오차범위로 충족된다면, 수정되지 않은 방정식도 일반적으로 유용하게 사용된다. 그러나 예외적으로 생각해야 할 것은 온도에 따라 방출율이 변하는 하늘이다. 표 3.2는 기온에 따라 변화되는 하늘의 방사율과 장파복사율을 보여준다.

■ **지구상 모든 물체는 온도에 의해 변화되는 일정한 비율의 복사에너지를 방출한다. 이 복사에너지는 태양에너지와 중복되지 않는 적외선 장파로 다가온다.**

표 3.2 기온에 따른 하늘의 방사율과 지구복사 방사율

기온 (℃)	표면방사 (W/m^2)	하늘방사	하늘방사 (W/m)
0	316	0.72	228
5	340	0.75	254
10	364	0.77	280
15	391	0.80	313
20	419	0.82	344
25	448	0.85	381
30	479	0.87	417
35	511	0.90	460

태양과 지구복사의 결합과 조작

앞에서 우리는 순태양복사량이 어떤 물체에 실제로 흡수된 단파에너지임을 알았다. 우리는 이제 태양과 지구복사의 영향을 포함시켜 대상을 확대할 수 있다. 어떤 물체에 의해 흡수된 총에너지는 순태양복사에너지와 하늘 및 주위환경으로부터 흡수되는 장파복사를 합한 것이다.

총복사흡수량 = (1 − 알베도율) × (유입된 태양에너지)
+ 흡수된 장파복사

우리의 방정식에서 평형상태의 '알베도' 장파가 없는 이유는 태양복사에서는 반사가 매우 중요함에도 불구하고 지구복사에서는 반사가 거의 일어나지 않기 때문이다. 이를 설명하기 위해 진회색(알베도 = 3.0)이며, 매끈하고, 평평한 아스팔트 주차장을 생각해보자. 따뜻하고 화창한 오후, 30℃의 기온과 800 W/m^2의 태

양에너지가 포장면을 내리쬐고 있다. <표 3.2>에서 30℃의 장파 하늘복사는 417 W/m^{2}이다. 따라서

총 복사흡수량 = (1 − 0.3) × 800 W/m^2 + 417 W/m^2 = 977 W/m^2

약간의 태양반사에도 불구하고, 총 복사흡수량은 이날 원래 800와트(Watt)의 태양에너지보다 많다. 우리가 햇볕이 내리쬐는 주차장에서 '계란프라이'가 될 수밖에 없는 이유인 것이다.

우리가 나뭇가지 사이로 햇빛의 20%(또는 160 W/m^2)만 허용하는 대형수목으로 그늘을 만들고 콘크리트(알베도 = 70%) 같은 좀 더 밝은 색의 재료를 선택했다고 가정하자. 수목의 수관 하부의 잎들은 대략 30℃의 기온을 가질 것이고, 슈테판-볼츠만 법칙에 따르면 478W/m^2 복사량을 방출할 것이다. 잎들은 지상표면에서 흡수되어 나온 장파복사의 근원인 하늘을 대체할 것이다. 이제

총 복사 = (1 − 0.7) × 160 W/m^2 + 478 W/m^2 = 526 W/m^2

이러한 몇 가지 요소들은 매우 다른 효과들을 나타내주고 있다. 우리는 그늘과 알베도를 조절하여 부지의 복사체계에 많은 변화를 꾀하였다. 우리는 절반가량의 복사량을 흡수했지만 1 m^{2}의 방형마다 플러그가 꽂힌 토스터기와 비슷한 500와트(Watt) 이상의 에너지를 가지고 있다. 이 환경은 시간이 지날수록 점점 더 더워지지 않겠는가? 우리는 에너지 공급자뿐만 아니라 에너지 소비자를 포함하여 생각을 발전시켜야 한다.

■ 우리는 그늘이나 물체의 반사율(알베도)을 바꿈으로써 부지의 총 복사흡수량을 조절할 수 있다. 하늘은 수목이나 건물보다 효율적이지 못한 방출체이기 때문에 그늘은 지구 장파에너지의 양을 서서히 증가시키는 원인이 될 수 있다. 그렇지만 여분의 장파에너지 습득은 보통 큰 폭의 햇빛 감소를 통해 상쇄되므로 총 복사흡수량은 오히려 상당히 감소하게 된다.

소비자, 공급자 및 에너지 평형

가계 재정의 관점에서 필수품과 사소한 물건들을 구입할 수 있도록 수입을 통해서 금전을 계속 제공한다. 안정적인 재정은 균형 잡힌 **예산**을 필요로 한다. 안정적인 미기후 환경은 균형 잡힌 **에너지 평형**을 필요로 한다.

$$\text{에너지 공급} - \text{에너지 소비} = 0$$

균형은 이처럼 단순하지만, 미기후학의 핵심개념으로 가장 중요한 의미를 가진다. 우리가 이미 설명하고 조작하였던 잉여 복사에너지에 대해 균형을 이룰 수 있는 부지 내 에너지 소비자는 어떤 것일까? 우리가 그늘이 없는 아스팔트 주차장으로 다시 돌아가 소비자를 찾아보자.

첫 번째 소비자인 "**장파방사**"는 포장재료 자체에서 슈테판－볼츠만 법칙을 적용할 수 있다. 이 방정식은 모든 물체에서와 같이 주차장에서도 표면온도에 따라 장파의 방출을 필요로 한다. 장파방사는 언제든지 곧 소비자가 될 수 있다고 생각해 보라. 표면온도는 차츰 상승할 것이고, 장파복사에 사용되는 에너지는 슈테판－볼츠만 법칙에 의해 유입되는 복사가 모두 소비될 때까지 투입될 것이다. 평형상태가 균형쪽으로 이동함에 따라 온도는 안정될 것이다. 우리가 포장재료에 공급되는 총복사 에너지가 977 W/m^{2}라는 앞의 예를 적용하면 '소비자'의 표면온도를 계산할 수 있을 것이다. '소비자'의 에너지 평형은 다음과 같다.

$$\text{공급된 복사에너지} - \text{장파방사} = 0$$
$$960\ \mathrm{W/m^2} - (5.67 \times 10^{-8}) \times (T_{\text{표면온도}} + 273)^4 = 0$$

아스팔트 표면에 대한 식을 계산하는 $T_{\text{표면온도}}$는 포장재료가 89℃의 매우 높은 온도에서 안정화됨을 보여준다. 아무리 햇볕이 내리쬐는 날의 주차장이 피자오븐처럼 느껴져도, 납득하기 어려운 높은 온도인 것이다. 실제적으로 복사에 의해 공급된 에너지를 분할하는 많은 소비자가 있어야 한다.

두 번째 소비자는 "**전도**"이다. 에너지는 아스팔트를 통과하여 낮아지고 아스팔트 밑의 토층에 저장된다. 몇몇 설계 문제에 있어 우리는 가능한 한 많은 경우에서 이와 같은 소비자 경로를 강조하게 된다. 예를 들어, 우리는 오후 안마당에 있는 벽돌 벽에 에너지를 저장하여 이 열로 편안한 야외 저녁식사나 밤에 내한성이 약한 식물을 보호하기 위해 이용할 수 있다. 우리는 설계부지의 재료에 대한 열의 유입을 조절하여 에너지 경로를 조절할 수 있다(표 3.1 참조). 많은 열의 유입은 전도에 의해 에너지 소비량을 증가시킬 것이고, 장파방출로 분산시켜 소량의 에너지만 남을 것이다.

■ **여기서 우리는 미기후의 조절에 유용한 또 다른 설계방법을 찾았다. 그것은 잠재 소비자에 공급되는 에너지의 분배와 관계가 있다. 여러분이 만일, 에너지 소비흐름 중 한 부분을 증가시킨다면 적은 양의 에너지가 잔류 소비자로 이동될 것이고, 반대로 여러분이 에너지 소비흐름 중 어느 한 가지를 제한하면 많은 양의 에너지가 잔류 소비자로 이동할 것이다.**

앞에서 언급한 주차장은 장파 방출만으로 모든 에너지 소비량을 이동시키기 때문에 실제로 89℃에 달하지는 않는다. 이제 에너지 평형은 다음과 같이 확장되어서,

$$\text{공급된 복사에너지} - \text{장파방출} - \text{전도} = 0$$

그리고 다음과 같이 추가되어야 할 소비자목록들이 있다.

"**증발**"은 또 다른 주요한 에너지 소비자이다. 우리들은 경험을 통해서 소방호수로 주차장에 물을 공급할 수 있으면 아마도 높은 표면온도를 빠르게 완화시켜줄 수 있다는 것을 알고 있다. 일단 우리가 논의한 모든 소비자들을 가지고 몇 가지의 표면 샘플들을

순서대로 비교해 볼 수 있다. 공급된 물을 이용하는 소비자로서 "증발"도 순위가 높게 책정된다는 것을 알 수 있다. 여러분의 목적이 낮 동안 부지의 과잉에너지를 소멸시키는 것이라면 연못이나 벽천 같은 요소들을 설치하여 왕성하게 에너지를 소멸시킴과 동시에 심미적으로도 어울리는 환경을 창출시킬 수 있다. 이로써 에너지 평형에 또 하나의 요소를 추가할 수 있다.

공급된 복사에너지 − 방출된 장파복사 − 전도 − 증발작용 = 0

지금까지 에너지 평형에 관해 우리가 알고 있는 지식을 다음의 질문에 적용시켜 보자. "왜 모래는 알베도율이 높지만 여름 해변에서 발을 뜨겁게 하는 것일까?" 흰색의 모래는 순 태양복사량을 감소시켜 모래를 시원하게 유지(실제로 검은 모래가 더 뜨겁다)하지만 뜨거운 열기는 소비자로 설명할 수 있다. 모래가 건조하다면 증발은 에너지 평형에 관여할 수 없다. 매우 낮은 열전도율을 가지고 있는 모래알 사이의 공기간극에서는 습기가 거의 없기 때문에 에너지 소비가 매우 미약하게 된다. 여기에 **분배원리**가 작용된다. 전도와 증발 두 소비자는 엄격히 제한되어 있어 대부분의 에너지 소비량은 장파방출을 통해 전환된다. 앞에서 언급한 주차장의 예처럼 표면은 가열에 의해서만 장파손실이 일어나므로 모래는 발바닥이 익을 정도의 온도에 도달하게 되는 것이다. 파도가 모래를 적시는 해변에서 에너지 분배는 완전히 다르다. 여기에서 증발과 전도는 왕성하게 에너지를 소비하기 때문에 장파방사와 모래표면의 온도는 적당하게 낮아진다.

에너지 소비에 관한 설명은 바람에 의해 어떤 대상물로부터 위쪽 공기로 에너지를 이동시키는 에너지 평형의 마지막 소비자인 "**대류**"를 추가함으로써 완결된다. 표면이 가열될 때, 주변의 공기가 데워지고 바람을 일으켜 에너지를 감소시킨다. 이 대류현상은 지역 내의 미기후와 지구 기후체계상의 기온, 바람 사이의 연결고리를 제공한다.

에너지를 소모시키는 대류현상의 두 가지 주요인은 대기 중에서 발생하는 난류와 같은 혼합요인과 표면($T_{\text{표면온도}}$)과 공기($T_{\text{기온}}$)간의 온도차로서, 다음과 같은 관계식으로 나타낼 수 있다.

$$\text{대류} = (\text{혼합요인}) \times (T_{\text{표면온도}} - T_{\text{기온}})$$

뜨거운 커피 한 잔으로 쉽게 알 수 있다. 커피는 주위 공기와의 온도차가 클 때 빨리 식으며, 휘젓게 되면 더 빨리 식는다. 대기 중의 혼합은 소용돌이를 일으키는 강한 바람과 거친 표면에 의해 활성화된 지역난류를 강화시켜 준다.

대류현상과 연계된 표면 공기의 온도차는 물체의 크기나 거칠기에 따라 물체표면의 1 mm나 심지어 1 cm 내에서 발생한다. 그러므로 **표면에서 거리가 멀어짐에 따라 주위 온도에 대한 표면의 영향도 빠르게 감소한다**. 따라서 이러한 물체 표면층을 벗어난 온도와 대기 습도는 주로 현 상태 지역의 대기에 의해 영향을 받는다.

우리가 논의했던 아스팔트 주차장이나 건조한 모래사장은 지역의 대기온도보다 훨씬 따뜻하기 때문에 "대류"는 중요한 에너지 소비자일 것이다. 대류는 장파방사로 에너지 소비의 일부분을 떼어주기 때문에, 표면온도가 아무리 뜨겁더라도 장파손실이 유일한 소비자일 때에 산정된 89℃보다 높지는 않다. 대류현상을 통해 부지에서 가능한 한 많은 에너지를 제거시켜 주기를 바랄 때, 바람을 차단하여 혼합작용을 약하게 하는 잘못된 설계조작을 해서는 안 된다. 몇몇 설계문제에 있어 고의적으로 표면을 거칠게 해서 혼합과 대류를 증가시켜 바람을 소용돌이치게 하는 것이 유용할 수도 있다.

우리는 이제 에너지 소비자들의 목록을 완성했고 최종적인 에너지 평형식을 작성할 수 있게 되었다(그림 3.5).

$$\text{공급된 복사에너지} - \text{장파복사 방사} - \text{전도} - \text{증발} - \text{대류} = 0$$

그림 3.5
표면에서의 에너지 평형은 그 표면에 접근하거나, 멀어지는 모든 에너지의 흐름을 포함한다. 각 경로를 통한 에너지 흐름의 규모를 판단할 필요가 있다. 예를 들어, 증발에 이용할 수 있는 물이 없다면 그 에너지는 다른 에너지 흐름에 포함되어 사용될 것이다.

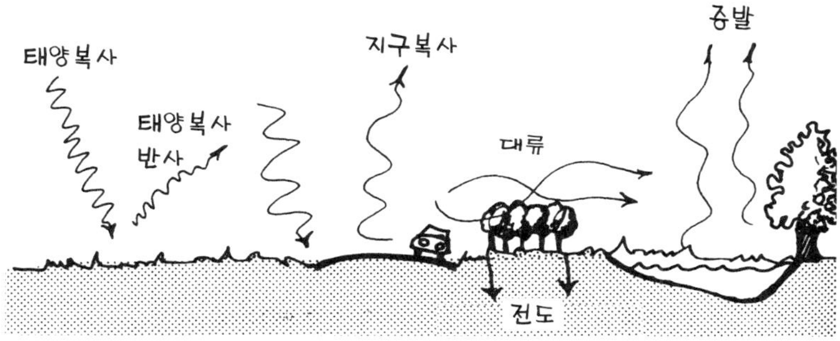

■ "에너지 평형"은 미기후학의 핵심으로 근본적인 개념이다. 부지의 미기후는 공급된 복사에너지와 모든 소비자들에 의해 제거된 에너지가 균형을 이룰 때까지 조정될 것이다.

4가지 이용가능한 주요 소비자들은 부지 내 물체의 "장파복사", 물체의 "열전도", 물의 "증발"과 공기 중 바람에 의한 열의 "대류"현상이다. 이 개념은 각각 분리해서 설명했다. 따라서 우리는 에너지 평형에 있어서 여러 요소들 간, 에너지를 분배할 수 있는 조작기술을 배웠기 때문에 목적한 미기후를 설계할 수 있을 것이다.

저녁과 야간

저녁이나 야간시간대의 이용을 위해 세심한 미기후 경관설계가 필요하다. 저녁의 에너지 평형은 놀라운 특성을 지니고 있다. 몇몇 낮 시간대의 에너지 소비자들은 태양이 진 후 에너지 공급자로 변형된다.

해가 바로 진 후, 맑은 하늘 아래 평평하고 넓은 잔디 표면을 생각해 보자. 날은 시원해지고 대기와 잔디표면의 온도는 모두 5℃ 정도 될 것이다. 하지만 해가 지평선을 넘어가면 복사에너지 공급자는 하늘의 장파복사 단 하나뿐이다. 표 3.2는 이런 하늘이 단지 254 W/m^{2}의 복사에너지를 공급하며, 반면에 슈테판－볼츠만 법칙에서 5℃의 잔디밭은 스스로 340 W/m^{2}의 장파에너지를 손실함을 보여준다. 이것은 에너지 평형의 첫 2가지 요소가 누락되어 에너지부족이 발생되고, 또한 이것은 에너지 평형을 맞출 공급자도 없음을 뜻한다. 이 문제는 미기후학이 아닌 정부기관에서 연구될 수 있는 과제이다. 미기후는 안정될 때까지 조정될 것이다.

여기에서 잔디의 에너지 평형 과정을 살펴보자. 첫째, 잔디 잎의 기공이 닫혀 증발을 멈추게 놔둔다. 복사에너지의 결손으로 인해 잔디의 온도가 대기 위쪽 온도와 주간 동안 열전도로 채워진 토양 보유온도보다 낮아질 때까지 냉각된다. 이제 열은 따뜻한 공기로부터 잔디로 내려오고, 또한 따뜻한 토양에서 올라온다. 야간의 대류와 전도는 소비자를 공급자로 변형시킨다. 잔디는 대기온도보다 낮은 야간의 표면온도로 안정되었기 때문에 종종 현관의 온도계는 영하가 아님에도 불구하고 잔디 위에 서리가 맺히기도 한다.

요약

우리는 특정한 목적을 성취하기 위해 대지의 미기후를 설계하며, 이것은 에너지 평형개념의 틀 아래에서 이루어져야 한다. 에너지 평형은 부지의 주요 에너지 공급자와 소비자를 모두 포함한다. 즉 태양, 하늘, 물체 상부로부터의 단파복사와 장파복사, 부지 내 물체의 전도와 증발, 그리고 물체의 대한 바람으로 인한 열의 대류 등을 포함한다. 안정된 미기후는 에너지 공급자와 소비자가 평형을 이룰 때에만 만들어진다. 그림 3.6은 부지 내 경관에서 종종 발생하는 오후와 저녁의 상황에 대한 에너지 평형 구성요소를 나타낸다.

우리는 그늘을 형성하여 단파와 장파복사의 유입에 큰 영향을 줄 수 있다. 그들은 태양에너지를 감소키지만 나무와 그늘을 만드는 물체들이 하늘보다 나은 장파에너지의 방사체이기 때문에 유입되는 장파복사는 증가할 것이다. 최종적인 결과로 유입되는 총 복사에너지는 감소할 것이다. 또한 우리는 적절한 알베도를 지닌 물체를 선택하여 반사율을 변화시킴으로써 태양복사에 영향을 줄 수도 있다.

게다가 우리는 여러 소비자 간의 에너지 분할을 조작할 수도 있다. 만일 어느 소비자가 증가되었거나 제한되었다면 많거나 적은 에너지는 다음 소비자로 흘러가야 할 것이다. 예로써, 물체가 온도에 따라 장파 에너지를 방사하도록 강요받으면, 분할원리는 다른 에너지평형 구성요소의 에너지 경로를 일시 중지시킴으로써 이러한 소비를 증가시킬 수 있음을 보여준다. 만일 우리가 결합 조직들 사이의 전도를 제한하고 증발을 막으면 강한 장파손실이 일어나기 때문에 부지구성요소들의 표면온도는 상승할 것이다.

그림 3.6
이 그래프들은 오후와 저녁 사이 일어나는 다양한 일반적인 에너지의 분할 현상을 보여준다. 화살표의 크기로 표현한 여러 가지 경로의 상대적인 에너지 흐름에 유의하라.

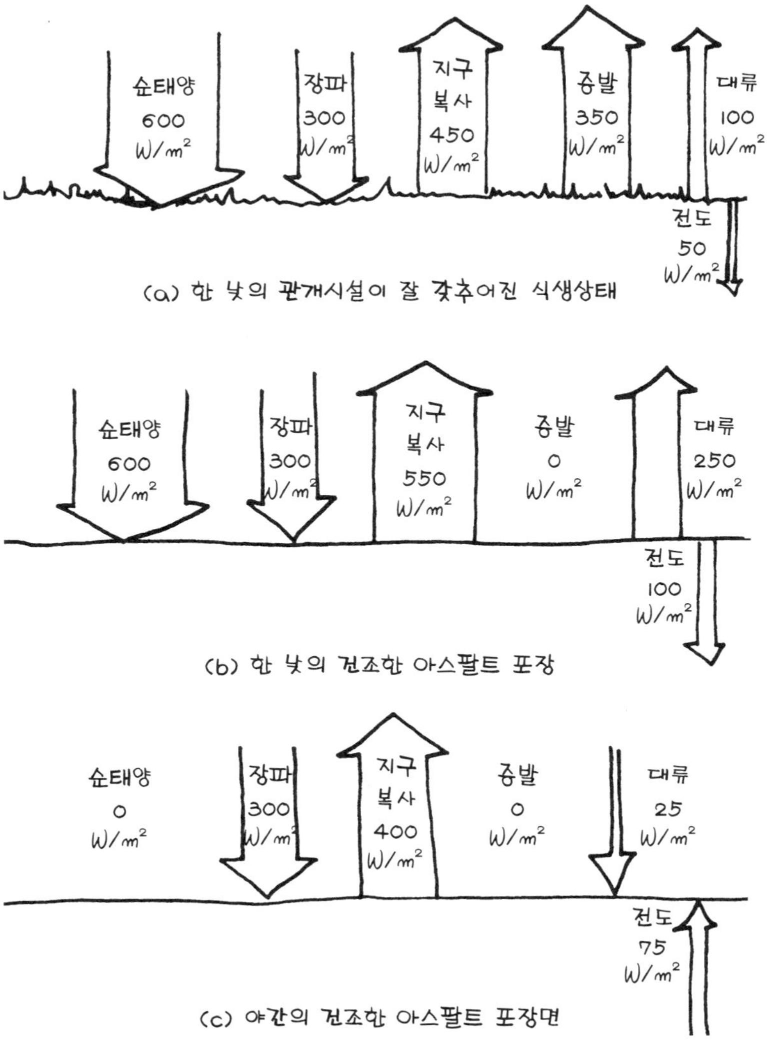

반대로 우리는 에너지를 많이 보유하고 열 전도성이 높은 결합조직들을 선택할 수도 있다. 우리는 초가을 새벽에 암석정원에 서리가 끼지 못하도록 하거나, 흐린 날 주택을 따뜻하게 하기 위해 사용할 열을 저장할 수도 있다. 우리는 잠재적 소비자인 수분 증발로 인한 에너지 손실을 막을 수도 있다.

마지막으로, 우리는 바람이나 표면의 거칠기를 조작, 교란을 변화시켜 공기로 대류되는 에너지의 양에도 영향을 줄 수 있다. 만일 밤에 국부적인 표면이 지역의 대기온도보다 낮다면, 대류는 에너지 공급자가 될 수 있다.

다음 장에서 여러분은 에너지평형을 작성하고 복사에너지를 변화시키는 방법과 소비자들 간의 에너지 이용을 조작하는 반복되는 문제의 해결기법을 알게 될 것이다. 이러한 해결기법들이 인간의 쾌적감, 건물의 에너지 보존, 그리고 여러 경관설계에 적용될 것이다. 실생활의 설계문제는 우리가 3장에서 이용했던 기본 예로 포함되어야 한다. 이런 개념들은 특별한 설계목적을 달성하기 위해 부지의 미기후를 적절하게 창출하는데 있어 튼튼한 골격을 제공할 것이다.

생각해볼 것

1. 1장의 3번 문항에서 설계하도록 요구된 테니스장으로 돌아가 테니스장의 아스팔트 표면의 에너지 평형을 설명해보자. 화창한 날, 테니스장 표면은 공원의 잔디보다 더울까, 시원할까? 이유는 무엇인가? 이 두 지역에서 에너지 평형의 차이점은 무엇인가? 테니스를 치는 사람들의 가슴높이에서 온도를 생각해보자. 테니스장의 기온은 잔디지역과 같은 높이에서 따뜻할까, 시원할까? 만일 바람이 아주 심한 날은 어떨까? 바람이 없는 날은?
2. 1장의 처음에서 설명했던 뜨거운 주차장을 기억해보자. 왜 그렇게 뜨거우며, 왜 공원의 나무아래서는 그토록 시원하게 느껴질까? 이 두 장소의 에너지평형의 차이점을 설명해보라.
3. 여러분은 아주 더운 날에도 시원한 주차장을 설계할 수 있는가? 여러분이 조작할 수 있는 에너지 평형의 구성요소는 무엇인가? 최소의 노력으로 최대의 효과를 얻을 수 있는 것은?
4. 여러분은 일반적으로 밤에 온도가 내려가더라도 저녁에 이용할 수 있고 안락한 외부공간을 설계할 수 있는가?
5. 경관설계를 통해 최대의 효과를 거둘 수 있는 미기후의 구성요소는 무엇이라고 생각하는가? 경관설계를 통해 조절할 수 없는 미기후 요소는 무엇이라고 생각하는가?
6. 사람에게 에너지 평형개념을 적용한다면 그것이 가능한가? 여러분에게 어떤 것을 제시하는가? 만일 여러분이 인간의 에너지 평형을 조사하여 잉여에너지가 크다는 것을 알았다면 인간의 쾌적온도에 대해 이것이 시사하는 바는? 특정지역에서 인간의 쾌적온도를 어느 정도 개선할 수 있는가?

4장 조경설계와 인간의 열 쾌적성

조경설계에서 미기후를 고려하는
주요 이유 중 하나는
열 환경이 쾌적한 거주지를 조성하기 위함이다.

도입

조경설계에서 최우선적으로 고려해야 할 사항은 대지를 사용하고 거주하는 주민들에게 쾌적한 미기후를 조성하는 것이다. 계절이나 기후조건이 이론적으로 쾌적하다고 여겨질지라도 '보편적으로' 아늑하고 편안한 장소를 설계하는 것이 중요할 때도 있다. 특정 활동, 시간, 계절대의 매우 특이한 조건에 부합되게 설계를 해야 할 때도 있다. 또한, 설계조작이 특정경관을 이용하는 사람들의 열 쾌적성에 설계가 어떻게 영향을 미치는지를 미리 평가하는 것도 중요하다.

인간의 열 쾌적성을 위한 설계 접근방법으로서 다음의 세 단계를 거치게 된다.

(1) 경관이 미기후에 영향을 주는 과정과 관계를 이해하는 것
(2) 열적으로 안락한 상태를 유지해주는 미기후 조건을 이해함으로써 접근하는 것
(3) 경관설계가 열 쾌적성에 어느 정도 영향을 주는지를 이해하기 위해 앞서의 두 단계를 연계시킨다.

3장은 (1)단계를 다루었고, 4장에서는 (2)단계를 구체적으로 설명하고, (3)단계는 개략적으로 설명한 다음, 나머지 장에서 보다 상세하게 설명할 것이다.

서론에서 살펴보았듯이 몇몇 미기후는 본질적으로 쾌적성을 주는 반면 그렇지 않은 미기후도 있다. 4장의 중점 내용은 다음과 같다.

1. 몇몇 미기후 요소는 조경설계를 통해 조절될 수 있다.
2. 미기후는 인간의 열 쾌적성에 영향을 준다. 따라서 조경설계는 경관 내에서의 인간의 열 쾌적에 중요한 영향을 끼칠 수 있다.

열적으로 쾌적한 거주지는
(1) 미기후 요소(바람, 기온)가 사람의 열 쾌적성에 미치는 영향과
(2) 경관요소(나무, 물)가 미기후에 어느 정도 영향을 주는가를 이해함으로써 조절될 수 있다.

열 쾌적성의 측정

모든 사람은 열 쾌적성(따뜻함)에 대한 개인적 경험을 가지고 있다. 그래서 사람들은 그 장소의 방문경험을 통하여 기존 경관에 대한 쾌적성 수준을 평가할 수 있으며, 과거에 그 장소에서 느꼈던 경험을 기초로 주관적으로 판단하게 된다. 신체가 바로 미기후의 열 쾌적성을 측정하는 중요한 '도구'인 것이다.

사람들은 종종 생각하지 않고 즉각적으로 많은 양의 정보를 소화하여 한 장소가 너무 따뜻하다든가, 차갑다든가 등의 열 쾌적성을 판단한다. 이러한 판단에는 사람들마다 약간의 서로 다른 관점이 존재하나, 여러 부지의 쾌적성 수준을 측정할 때는 유사성이 있어 그 차이를 무시할 수 있다. 이것은 한 사람이 열 쾌적성을 느끼면, 다른 많은 사람들도 비슷하게 느낀다는 것을 의미한다.

설계가들이 경관의 열 쾌적을 측정하는 '도구'로써 설계가 자신들을 이용하려 한다면, 실제 경관에서 모든 대기조건을 경험해보아야 한다. 그러나 아직은 불편을 느낄 때 마다 열 쾌적성을 개선하기 위한 수정 방법까지 알 필요는 없다. 이와 같이, 개인적 판단은 경관이 설계 중이거나 시공되지 않은 경우에 훨씬 더 어렵다. 보다 합리적이고 객관적인 접근이 설계에 보다 유용한 것이다. 즉, 본래의 열 쾌적성을 평가하고, 수정사항을 제안・검증하여 최적의 해결책을 찾을 수 있기 때문이다.

열적으로 쾌적한 설계를 하기 위해서는 경관을 객관적으로 평가하고 쾌적한 조건을 이해할 필요가 있다.

열 쾌적성 모델

열 쾌적성을 결정하는 합리적 접근 방법 중 하나는 열 쾌적성 모델을 작성하거나 구축하는 것이다. 모델이란, 실제현상을 추상적으로 표현한 것으로, 현상을 조직화하고 이해하는 도구이다.

■ 열 쾌적성은 대기 온도를 통해서 평가지표화 하거나 단순 모델화 할 수 있다.

기온이 올라가면 사람들은 따뜻하다고 느끼며, 기온이 내려가면 춥다고 느끼므로 예측이 가능하다. 우리는 건물 내에서의 경험으로 잘 알 수 있는데, 실내온도가 20℃ 정도면 쾌적하고 15℃ 정도면 좀 춥다고 느끼며 25℃는 다소 더운 감이 있다.

■ 한편 기온은 외부의 다른 여러 대기요소들이 작용하여 함께 변화를 주므로 경관에서의 열 쾌적성을 평가하는 정확한 지표로 사용하기는 어렵다.

바람이 없고 습한 날 햇빛을 받으며 서 있을 때, 외부 기온이 20℃라면 덥다고 느낄 수도 있고, 바람이 불며 구름 낀 날은 춥다고 느낄 수도 있다. 햇빛이 강한 날 15℃라면 적당히 따뜻하다고 느끼거나 심지어는 덥다고까지 느낄 수도 있다. 반면 햇빛이 없고 습도가 낮으며 강한 바람이 부는 날 기온이 25℃라면 매우 춥다고 느낄 것이다. 그러므로 조경설계 시 기온 하나만을 열 쾌적성의 측정 도구로 생각하기는 적합하지 않다.

이러한 차이점은 실내공간에서는 포함되지 않는 미기후 특성들이 외부공간에서 발견되기 때문이다. 예를 들어,

■ **습도, 복사열, 바람, 강수량은 매우 안정된 실내에서는 엄격히 조절될 수 있지만 외부공간에서는 가변적이다.**

왜냐하면, 옥외공간에 관한 한 기온은 사람들의 열 쾌적성을 나타내는 완벽한 지표가 될 수 없기 때문에 복합모델로서 다른 요소를 포함해야 한다. 예를 들어, '풍속냉각지수(wind chill)'는 기온과 풍속 간의 결합으로서 '평형온도'를 산출하는데 이용된다. 즉, 기온이 0℃이고 풍속이 7 m/s인 경우 '체감' 기온은 −13℃이다. 이 방법은 겨울철에 기온만을 측정하는 것보다 훨씬 효과적이다. 또 다른 척도인 '불쾌지수(humidex)'는 기온과 습도와의 결합인데, 기온과 습도는 여름철의 열 쾌적성에 강한 영향을 끼친다. 다시 말해서, 평형온도를 결정할 수 있다. 이 두 모델은 기온만 측정하는 것보다 더 실제적이며 일기예보시 아주 효과적이다.

■ **쾌적 조건에 대한 완벽한 평가를 위해서는 열 쾌적성에 영향을 미치는 미기후와 개인적 변수 외에도 다른 많은 요소를 이해해야 한다.**

현재, 많은 연구자들은 3장에서 논의된 내용과 유사한 에너지 평형개념으로 인간의 열 쾌적성을 모델화하고 있다. 우리는 사람들이 활동하는 일정 경관에 대한 에너지 부족과 과잉을 측정할 수 있다.

■ **사람의 열 쾌적성 수준은 인체에 유입·유출되는 모든 에너지의 흐름을 고려하여 측정할 수 있다(에너지 평형).**

누군가가 에너지 부족상태라면 우리는 그가 매우 추울 것이라고 생각할 것이고, 에너지 과잉이라면 매우 더운 상태일 것이라

고 추측하게 된다. 이러한 측정을 이해하기 위해서 인체를 드나드는 모든 에너지의 흐름을 이해해야 한다.

인간의 에너지 평형 모델

경관 내의 인간은 흡수하는 에너지와 방출되는 에너지의 양이 같을 때 열적으로 쾌적한 상태가 된다.

■ **인간을 따뜻하게 하는데 이용되는 주 에너지원은 (몸 안에서 발생하는) 신진대사에너지와 태양과 지구의 모든 물체로부터 나오는 복사에너지이다. 인체 내의 열이 손실되는 주경로는 발한작용에 의한 증발, 바람에 의한 대류, 복사에너지이다(그림 4.1).**

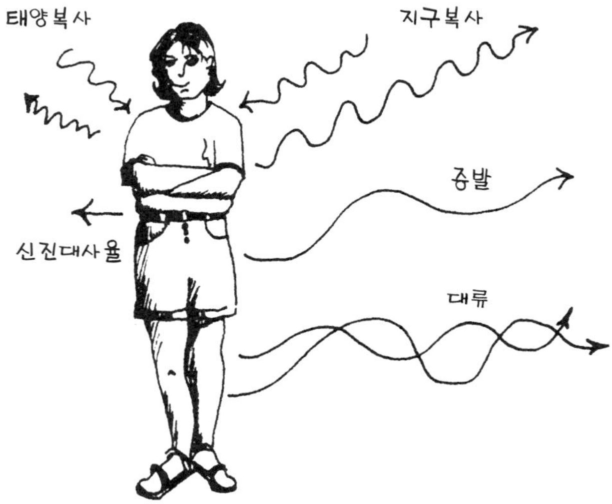

그림 4.1
인간의 에너지 평형은 인체가 흡수하는 에너지와 방출하는 모든 에너지 흐름을 고려한다. 에너지 평형이 (+)이면 더운 상태이고, (−)이면 추운상태이다. 에너지 평형이 이루어지면 열적으로 쾌적한 상태이다.

이러한 에너지의 흐름을 모두 고려할 때, 3장에서 논의한 **에너지평형**과 유사하게 에너지 축적이 형성되어 다음과 같이 모델화할 수 있다.

■ 에너지 평형 = 신진대사에너지
+ 태양복사에너지흡수량
+ 지구복사에너지흡수량
− 증발로 손실된 열
− 대류로 손실된 에너지량
− 방사된 지구복사에너지량

신진대사량은 그 사람의 활동 수준에 따라 달라진다. 예를 들어, 당신이 편안한 의자에 앉아 이 책을 읽는다면 당신 몸의 에너지는 1평방미터당 90 W가 된다(이를 일반적으로 90 W/m^2로 나타낸다). 인체표면은 사람마다 매우 다양하기 때문에 우리는 '평방미터'라는 단위를 사용한다.

만약 당신이 걸으면서 이 책을 읽는다면(잠재적으로 위험스러운 활동) 대략 120 W/m^2이 된다. 테니스를 치는 사람은 주변에 400 W/m^2의 열을 발생한다. 발생된 열은 에너지 평형에 필수적인 부분이다.

당신의 활동 수준이 실제 느끼는 쾌적 수준에 영향을 준다. 당신이 테니스 치는 것을 멈추면 에너지는 곧 초과공급 상태가 되어 덥다고 느낄 것이다. 단열막을 제거하기 위해 옷을 벗을 수도 있지만, 테니스장은 일반 보도 환경과는 미기후가 다르다는 것을 염두에 두어야 한다.

신진대사를 통해 얻은 에너지는 인간의 쾌적한 열 환경조성을 위한 설계에 중요한 대상이다. 어떤 활동을 통해 어느 정도의 열이 발생되는지를 알면, 미기후에 적합한 설계를 할 수 있다.

태양이나 지구의 어떤 물체이건 간에 복사에너지를 통해 생긴 열은 신체나 옷에 더 흡수되거나 반사된다. 지구**복사**에너지는 흡수가 매우 잘 되므로 신체가 흡수한 에너지의 대부분은 지구복사 에너지이다. 태양복사에너지는 흡수가 잘 되지 않아 옷의 색깔에 따라 흡수량에 많은 영향을 끼치므로 에너지 평형에 유용하게 활동할 수 있다. 옷 색깔이 밝을수록 많은 빛을 반사하고 어두울수록 많이 흡수한다.

조경 설계에서는 옷 색깔에 영향을 끼칠 수 없기 때문에 이러한 변수는 단순한 고려사항으로만 간주된다. 경관설계로 우리가 할 수 있는 것은 경관 내의 태양복사에너지와 지구복사에너지의 양이 미치는 영향이다. 맑고 화창한 날에 사람은 태양으로부터 1,000 W/m^{2}의 복사에너지를 흡수한다.

증발로 인한 에너지 손실은 호흡을 통한 폐 속의 습기 증발과 피부의 발한 작용을 통해 이루어진다. 물은 수증기로 변하는데 많은 양의 에너지를 필요로 하기 때문에 중요한 냉각작용을 일으키는 잠재력을 지니고 있다. 실제로 증발은 낮은 습도와 높은 온도에서만 일어나는 경향이 있다.

공기는 일정한 양의 수증기를 포함하고 있으며 이것은 온도에 좌우된다. 온도가 높을수록 더 많은 수증기를 포함한다. 수증기는 공기 내에서 이용할 수 있는 여분의 공간이 있을 때만 인체 피부에서 증발현상이 일어난다. 온도가 높고 습도가 낮을 때, 공기 내에 수분이 모일 수 있는 공간이 많아져 땀이 쉽게 증발하게 되고, 온도는 낮고 습도가 높으면 수분이 있을 공간이 훨씬 줄어듦으로 땀이 증발하지 않거나 매우 천천히 증발하게 된다. 따라서 피부의 냉각에 큰 영향을 주지는 않는다.

바람이 인체의 열을 빼앗아갈 때 그 과정을 **대류**라고 한다. 빼앗기는 열의 양은 사람과 공기의 온도차와 바람의 속도(풍속)에 의해 좌우된다. 간단한 방정식으로 이 관계를 설명할 수 있다.

대류는 사람(T_{skin})과 공기(T_{air}) 사이의 바람의 속도(W)와 온도(T)차이의 함수관계에 있다.

$$C = f(W) \times (T_{skin} - T_{air})$$

여러분은 위의 방정식과 3장에서 소개했던 표면 대류 형식사이에 유사성이 있음을 알게 된다(71~72쪽 참고).

풍속이 증가하면 대류도 증가하고, 사람피부와 공기의 온도차가 커지면 대류도 증가한다. 이 방정식에서 알 수 있는 흥미로운 결과는 만약 피부온도와 공기의 온도가 같다면 대류는 일어나지 않아 피부는 냉각되지 않는다는 것이다.

■ 인간의 열 쾌적성에 영향을 주는 요인들은 많지만, 이런 요인들을 설계조작으로 조절하거나 영향을 줄 수는 없다.

열 쾌적성에 영향을 주는 요인들 중 몇몇은 의복과 피부의 노출상태도 포함된다(예를 들어, 서 있다거나 누워 있는 것). 잠재적으로 영향을 줄 수 있는 요인으로는 찬물에서 수영이나 뜨거운 햇볕에서 달리기 등 그 장소에 오기 바로 전에 한 활동이나 방금 먹은 음식의 양이나 온도 등도 포함될 수 있다. 이러한 요인들은 고려될 필요가 있지만 설계로 조절할 수 없다.

열 쾌적성에 대한 경관의 영향

에너지평형에서 확인된 5가지의 주 에너지 흐름은 습도, 온도, 바람, 복사에 의해 주로 영향을 받는다. 인간의 열 쾌적성 조절에 이 네 가지 요소 중 두 가지만이 경관요소의 조작을 통해서 조작될 수 있다(그림 4.2).

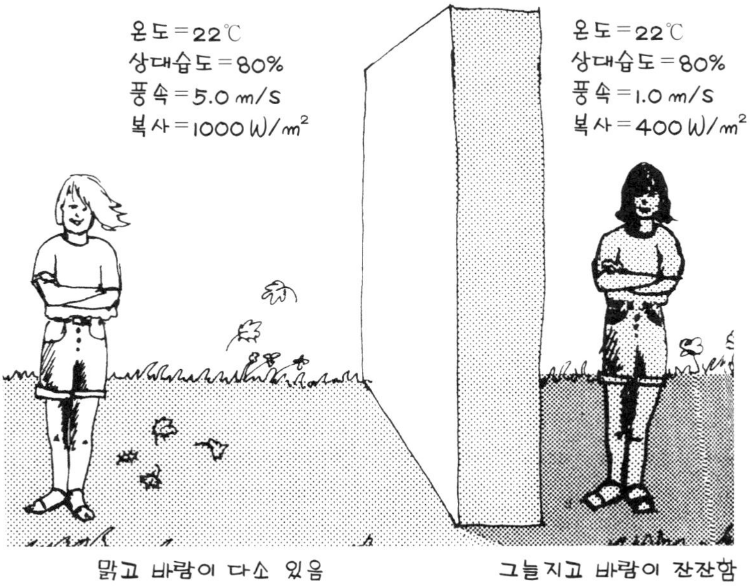

그림 4.2
4가지의 주요 미기후 요소는 인간의 에너지 흐름에 영향을 끼치고, 복사와 바람만이 경관에 의해 수정될 수 있다. 이러한 요소는 열 쾌적을 위한 외부공간 설계의 중요한 열쇠이다. 온도와 상대습도는 경관으로 수정될 수 없다는 사실을 기억하라.

습도

■ **경관 내 어느 곳에서든 습도는 그 경관 전체 부분의 습도와 비슷하다.**

이것은 대기의 교란으로 인한 효과적인 공기의 혼합 때문이다. 우리가 설계조작을 통해 습도를 변화시킬 수 없다면 다른 부분에 노력을 집중해야 한다. 그러나 다음 몇 가지 특수한 사례가 있다.

■ **습도가 높을 때, 증발량은 인체의 에너지 손실에 있어 극히 일부 요인으로 밖에 작용되지 않는다. 습도가 낮고 온도가 높을 때에만 증발은 인체를 크게 냉각시킨다.**

특수한 경우로, 벽에 의해 완전히 차단된 경관의 습도는 인공적으로 높이거나 낮출 수 있다.

기온

■ 경관 내 한 지점의 특정 높이에서 측정한 온도는 동일 경관 내의 다른 곳에서 같은 시간과 높이에서 측정한 온도와 같다.

이것 또한 효과적인 공기혼합 때문이다. 지상의 높이에 따른 수직적 온도 차이는 있지만 수평적 온도 차는 없다.

1장에서 논의했던 더운 여름날 주차장과 나무 아래의 미기후가 많이 달랐던 것을 기억해보자. 이러한 변화는 온도차이 때문이 아니다. 사람이 느끼는 온도는 두 장소의 온도와 거의 비슷할 것이다(8장에서 논의될 특수한 환경을 제외하고). 열 쾌적성의 차이는 크게는 사람이 흡수하는 태양복사 에너지 때문이고, 부분적으로는 지표면이 받아들인 지구 복사 에너지량에 기인한다.

■ 온도는 열 쾌적성에 큰 영향을 미치지만, 조경설계 조작으로는 큰 변화를 주지 못한다.

바람

경관 내에서 풍속과 풍향은 시·공간에 의해 크게 영향을 받는다. 바람은 경관 내에서 사람들의 열 쾌적성에 큰 영향을 끼치고, 경관요소들에 의해서도 크게 영향을 받는다. 바람은 열 쾌적성을 위한 경관설계에서 중요한 요소이다.

바람이 경관에 미치는 영향은 7장에서 자세히 논의할 것이다.

복사

태양복사에너지와 지구복사에너지는 때와 장소에 따라 크게 영향을 받으며, 경관에서 사람들의 쾌적성에 깊은 영향을 미친다. 복사는 경관요소들에 영향을 받으며, 열 쾌적성을 고려한 주요 조경설계요소의 하나이다. 복사현상과 그것이 미기후에 어떻게 영향을 미치는지 6장에서 자세히 논의할 것이다.

■ 설계를 통해 조절될 수 있고, 열 쾌적성에 큰 영향을 미치는 미기후 구성요소는 바람과 복사이다.

이것은 조경설계로 미기후를 조작하는 모든 지역에 있어 확실히 중요한 점 중의 하나이다. 큰 가치가 없고 유용하지 않은 지역의 온도나 습도를 바꾸려고 시간과 노력을 소비하는 것은 의미가 없다. 반대로 쉽게 바꿀 수 있고 인간의 열 쾌적성에 영향을 많이 줄 수 있는 곳에서 온도와 습도를 바꾸는 노력이 훨씬 현명하다.

열 쾌적성을 설계에 적용하기

열 쾌적성 정보를 조경설계에 이용시 활용 가능한 몇 가지 적용단계가 있다. 첫 번째 단계는 이 장에서 보여주는 기본 정보로서 성취할 수 있으며, 모든 설계에 이용될 수 있는 두세 가지 기본법칙이 있다. 다음의 개념부터 시작하자.

■ 설계의 목적은 최대한 많은 시간 동안 다수의 열 쾌적성을 위한 것이다.
다루어야 할 세부사항과 사람들 간의 미세한 다양성은 매우 많지만 과거의 것들을 다양한 측면에서 상세하게 살펴보고, 거시적인 관점과 많은 사람들을 생각하라. 특수한 경우를 거시적 관점에서 해결할 수 있을 것이다.

다음으로 **계절변화**를 고려하라. 여름철 온도는 인체의 피부온도와 매우 비슷하다. 대류로 손실되는 인체의 열은 사람과 공기의 온도차에 의해 영향을 받는다. 실제로 온도가 인체 표면온도보다 더 높으면 대류작용을 통해 인체를 데워준다. 이를 확인해 보려면, 피부온도보다 높은 온도의 뜨거운 사우나에 들어가 보자. 팔뚝을 입에서 10 cm 이내로 가져가 입김을 불어보면 꽤 뜨거울 것이다. 그것은 여러분의 입김이 뜨거워서가 아니라, 뜨거운 공기가 피부를 지나가 피부에 열을 가했기 때문이다. 이것은 바람이 당신의 피부를 냉각시키는 것과 반대의 작용을 하는 경우이다(만일 당신이 대류방정식으로 살펴본다면 냉각은 음(−)이 되어 따뜻해진다는 사실을 알 수 있을 것이다).

겨울철에 대기온도와 체온이 많이 차이 나면 바람으로 인한 냉각은 훨씬 심해진다. 몹시 추운 겨울, 건물 밖에서 약간의 움직임으로 생기는 바람조차 매우 차갑다고 느낄 것이다.

우리가 이것을 경관설계에 적용한다면 다음과 같이 말할 수 있다.

■ **여름철과 같이 열이 과잉되는 기간의 바람은 열 쾌적성을 위한 설계에서 중요 고려대상이 되지 못한다.**
이 기간에 체온은 온도와 거의 같으므로 바람은 체온을 하강시키는데 아무런 영향을 줄 수 없다.

■ **겨울철과 같이 열이 부족한 기간에는 바람을 차단시키는 것이 열 쾌적성을 위한 설계조작에 중요한 대상이다.**
바람의 냉각력은 사람과 공기의 온도차에 달려있다. 즉, 온도차가 크면 바람의 냉각력은 커진다. 겨울에 이러한 차이가 가장 크게 나타나고, 바람을 조절하는 것이 사람의 열 쾌적성에 가장 중요한 고려사항이다.

열 쾌적성을 위한 설계에서 또 다른 중요 고려대상은 태양복사이다. 바람과는 달리, 경관이 받는 태양 복사열의 양은 온도에 의해 영향을 받지 않는다. 더구나 표면온도에 많은 영향을 준다(2, 3장을 생각해보라). 태양복사열의 흡수량은 태양과 지구 사이의 각도에 따라 달라진다. 여름의 태양 복사각은 지표면과 거의 수직인 반면, 겨울에는 약간 기울어진다.

그러므로 주의해야할 사항은 지구가 어느 계절이든 간에 태양이 방출하는 복사열은 거의 일정하다는 것이다. 겨울에 흡수하는 태양복사에너지가 400 W/m^{2}이라면, 여름에도 400 W/m^{2}의 양을 흡수한다는 것을 의미한다. 그러므로 대류와 관련한 복사가 모든 계절 동안 열 쾌적성에 미치는 영향은 거의 일정하다. 열 쾌적성을 위한 설계조작에서 이것이 의미하는 바는 다음과 같다.

■ **열이 과잉되는 기간에는 태양복사를 조절하는 것이 가장 중요하다. 바람의 조절은 이차적인 문제이다.**
열이 과잉되는 기간에는 태양복사에너지는 매우 강하고 인간의 에너지(평형)에 있어 중요한 투입요소이다. 따라서 매우 큰 영향을 줄 수 있는 태양복사에너지를 조절함으로써 열 쾌적성에 상당한 효과가 있을 수 있다.

■ **열이 부족한 기간에는 바람과 대류를 조절하는 것이 가장 중요하다. 태양복사에너지의 조절은 이차적인 문제이다.**
일반적으로 겨울철의 태양복사에너지는 중요성이 떨어진다. 설계조작은 주로 풍속을 낮추는 것에 집중되고 태양복사열은 그다지 걱정할 필요는 없다.

다른 계절에는 태양복사와 바람간의 관계처럼 명백하지 않다. 하지만 다른 계절의 열 쾌적성을 유지하는 것이 중요하므로,

■ **봄·가을에 이용되는 지역을 설계할 때도 앞에서와 마찬가지로 태양복사에너지와 대류를 우선적으로 고려하라. 일반적으로 바람조절이 최우선이고 다음이 태양복사이다.**

이러한 원칙들이 신체와 같은 본인 자신의 열 쾌적성 측정도구에 어떤 작용을 하는지에 대하여 살펴보려면, 1장에서 논의했던 더운 여름날 주차장 한가운데 서 있는 자신을 시원하게 하려 할 때를 생각해보자. 사람들은 시원한 바람을 기대하지만, 온도가 높으면 더운 바람과 작열하는 태양 속에 서있을 그들에게는 덥기만 할 뿐 별 효과가 없다. 한편 당신이 나무그늘 아래로 가게 되

면 바람은 시원하고 보다 쾌적함을 느낄 것이다. 반대로 1장에서 논의된 추운 겨울날을 상기해보자. 당신이 바람이 부는 거리를 걷는 동안 햇볕이 있는지 없는지를 느끼지도 못할 것이다. 그러나 버스정류장으로 들어가거나 바람이 불지 않는 곳으로 가게 되면 햇볕이 있는지 없는지를 금방 알아차릴 것이다. 바람이 없을 때 한줄기 햇볕은 매우 따뜻하다고 느낄 것이다.

적용사례

간단한 지침이 적용된 몇 가지 사례들을 통해 그 효용성을 설명하고자 한다.

여름철 이용

한 여름 점심시간 야외에 테이블을 설치하고자 하는 레스토랑 경영자가 있다고 가정해보자. 이 시간대에는 대부분의 태양복사가 집중되고, 하루 중 온도가 가장 높을 때이다(보통 오후 중반이 가장 높다). 이때 가장 중요한 점은 손님이 받는 태양복사를 줄이는 것이다. 설계자는 파라솔, 덩굴이 덮인 트렐리스 나무그늘을 이용하거나, 건물의 북쪽에 앉을 공간을 마련한다든지 등 선택할 수 있는 방법이 다양하다. 문제가 무엇인지 명확하면 창조적인 해결도 가능해진다.

겨울의 이용

스키장 레스토랑 경영자가 야외에서 점심식사를 할 수 있는 식탁을 설치하려고 한다. 겨울에도 기본적 조건만 충족된다면 야외 환경에서도 사람들이 열 환경이 쾌적한 상태를 유지하며 식사할 수 있다. 먼저 주요 상황을 고려해보자. 사람들은 맑고 화창한 날에는 옥외에서 식사하기를 즐길 것이다(2장에서 논의된 '조건적 기후학'을 이용). 스키장의 날씨 기록을 조사해보면, 맑고 화창한 겨울날 스키장에서 부는 바람은 북풍이나 북서풍임을 알 수 있다. 이것은 설계가들이 야외식탁(휴식공간)으로 부는 바람을 차단해야 함을 의미한다. 우리는 상록수, 관목, 구조물이나 식사공간의 위치 등을 조작하여 이 목적을 달성할 수 있다. 일단, 장소가 정해지면, 식사지역이 남쪽을 향하게 하여 태양복사를 많이 받을 수 있게 하고, 이 장소로 들어오는 햇빛을 가로막는 요소들을 없애야 한다.

다시, 설계가가 몇몇 간단한 원칙들만 따르더라도 이용 가능한 방법은 상당히 많다.

봄·가을의 이용

봄(학생들이 떠나기 전)·가을(학생들이 돌아왔을 때)에 사람이 많이 붐비는 캠퍼스 카페가 있다고 생각해보자. 점심시간만을 고려한다면 바람과 햇빛을 거의 동등하게 고려해야 한다. 먼저 바람상황을 해결하려고 한다면, 날씨기록표를 통해 화창한 날의 풍향을 조사해야 한다. 또한 풍향에 상관없이 식물과 적절한 구조물을 이용하여 풍향에 영향을 받지 않는 휴식공간을 제공해야 한다. 그 다음으로 태양 노출을 고려해야 한다. 봄·가을에는 날씨 변화가 심해 어떤 날은 기온이 매우 낮고 어떤 날은 매우 높다. 그러므로 파라솔이나 격자 울타리 등으로 햇볕을 조절해야 손님들이 쾌적하게 휴식공간을 이용할 수 있을 것이다.

공식을 이용한 쾌적성 분석 (COMFA)

이 장에서 설명하고 있는 일반적인 논의를 통해 열 쾌적성을 위한 더 많은 응용방식을 알게 될 것이다. 그러기 위해 우리는 열 쾌적성을 보다 세부적으로 분석할 필요가 있다. 이러한 응용방식을 알아보기 위해 우리는 COMFA(쾌적성 공식)라고 불리는 컴퓨터 모델을 개발하였다. 이 공식은 사람에게 드나드는 에너지의 흐름을 보다 완벽하게 기술하고 있는 에너지 평형등식에 기본을 두고 있다. 만약 여러분이 수학에 자신이 없다면 이 모든 방정식을 이해하려는 것보다는 요점만을 훑어보는 것이 좋을 것이다. 그러나 모델링과 토론을 통한 접근방식은 인간의 열 쾌적성이 경관에 의해 어느 정도 영향을 받는지를 이해하는데 매우 큰 도움이 될 것이다.

방정식은 부록 A(211쪽)에 수록되어 있다. BASIC컴퓨터 언어로 짜여져서 대부분의 컴퓨터로 직접 작성할 수 있으며, 일반 컴퓨터 프로그램으로 쉽게 변환될 수 있다.

COMFA 기본식은 경관 내 표면의 에너지 평형과 유사하다(3장 참조). 우리는 간편하게 몇 가지 요소를 추가하여 사람들이 내부의 열을 발생시키는 능력과 의복을 통해 인체의 에너지를 흡수하고 방출하는 능력을 설명할 것이다. 기본 COMFA식은 다음과 같다.

$$Budget = R_{abs} + M - Conv - Evap - TR_{emitted}$$

여기서, R_{abs} : 인체가 흡수한 태양복사에너지와 지구복사에너지의 총량

M : 신진대사에너지로 사람 몸에서 발생한 열의 양

$Conv$: 바람의 대류로 인한 열손실(또는 흡수량)

$Evap$: 호흡을 통해 폐로부터 또는 땀을 흘려 피부에서 수분증발에 의한 열 손실

$TR_{emitted}$: 사람에게서 방출되는 지구복사에너지

주제공원에서 휴식이나 식사 공간의 설계를 생각해보자. 의뢰인들은 가능한 한 가장 쾌적한 곳에서 쉬거나 먹을 수 있는 벤치나 테이블을 원할 것이다. 우리는 사람들이 앉아 있거나 먹는 활동에 얼마나 많은 신진대사 에너지가 필요한지를 먼저 알아야 한

다. 표 A.1 (213쪽)에서 $M = 90$ W/m^{2}이다.

COMFA식에서 요구하는 두 번째 정보는 의복에 관한 수치이다. 표 A.2는 의복 한 벌에 대하여 단열 효과(r_{co})와 투과성(P)을 나타낸다. 여름에는 종합적 효과 B급에 해당하는 옷을 입을 것이며, 그 값은 $r_{co} = 75$, $P = 150$이다.

다음으로 우리는 측정하고자 하는 날이나 시간대의 기상학 수치들을 대입한다. 우리는 가장 유사한 상태의 기상자료로 온도(T)와 상대습도(RH)를 사용할 수 있으며, 이때 $T = 28$℃이고 RH = 75%이다.

복사에너지는 매우 단순하게 또는 아주 완벽한 방법으로 다루어진다. 일반적으로, 우리는 경관에 도달하는 태양복사에너지를 고려해야 하고 경관요소에 어느 정도 반사, 흡수, 전도되는지를 계산하여 최종적으로 인체가 흡수한 태양복사에너지와 지구복사에너지의 양이 얼마인지를 계산해야 한다. 경관 내에서 인간이 받는 복사량을 판단하는 4가지 접근이 <부록 B>에 수록되어 있다. 이 경우에 <부록 B.1>에서 설명한 방법을 이용할 수 있다.

예로서, 태양복사에너지가 900 W/m^{2}이고 태양의 고도가 45°인 맑은 하늘을 생각해보자. 우선 태양복사에너지를 차단할 나무와 건물이 전혀 없는 경우(부록 B.1 참조), 이러한 조건에서 인체가 흡수하는 복사에너지 R_{abs}는 대략 514 W/m^{2}이다. 다음으로 (1) 나무 아래 사람에게 대략 50%의 복사에너지가 도달하는 엷은 층의 나무그늘에 있을 때와 (2) 사람에게 대략 20%의 복사에너지가 도달하는 짙은 나무그늘에 있을 때를 계산해보자. 엷은 수목그늘의 태양복사에너지는 441 W/m^{2}이고, 짙은 그늘의 태양복사에너지는 412 W/m^{2}이다.

복잡한 경관 내에서 바람을 정확하게 측정하는 것은 매우 어려우나 풍속을 측정하는 효과적인 방법들이 있다. 첫 번째는 기상대에서는 지상에서 10 m 높이의 바람상태를 측정하기 때문에 이것을 통해서 1.5 m 높이의 풍속을 알 수 있다. 왜냐하면, 고도가 높아짐에 따라 풍속은 증가하기 때문에 10 m의 측정값을 기초로 하여 1.5 m의 풍속을 산출할 수 있기 때문이다(부록 C 참조).

지상 10 m의 높이에서 풍속이 5 m/s이므로 1.5 m의 높이에서는 풍속이 대략 3.6 m/s라는 것을 알 수 있다.

우리가 R_{abs}(태양에너지)와 W(바람)의 값을 대입하면 COMFA는 대략 150 W/m^{2}의 에너지 평형(축적)값을 산출해낸다. 표 A.3에서 살펴볼 수 있듯이, 이 지역은 불쾌할 정도의 더운 상태이므로 우리는 이곳에서 효과적인 그늘을 제공하여 상황을 개선할 수 있을 것이다.

빛이 많이 투과되는 엷은 그늘 아래에 있는 사람의 에너지평형을 계산하면 R_{abs}가 조작되어 78 W/m^{2}로 나타난다. 이것은 상황이 개선된 것으로 사람들은 대부분 쾌적함을 느낀다. 만약 짙은 그늘로 대체하면 에너지 평형은 49 W/m^{2}로 사람들은 쾌적한 상태에 있거나 조금은 서늘하다고 느낄 것이다.

이와 같이 여러분은 매우 효과적이고 계량적 모델인 COMFA 공식을 컴퓨터 시스템에 구축하여 경관요소를 의도대로 조정함으로써 새로운 환경이 사람들에게 미치는 쾌적 수준을 평가할 수 있다. 따라서 여러분은 창조적인 설계를 할 수 있으며 쾌적 수준을 개선할 수 있는 것이다.

요약

인간의 열 쾌적성은 미기후를 고려하는 조경설계에서 가장 중요하게 고려해야 할 사항들 중 하나이다. 여름에 주로 이용되는 지역이라면 우선 태양복사에너지를 조절하고, 두 번째로 바람을 고려한 설계를 해야 한다. 가을·겨울·봄에 이용되는 곳이라면 우선 바람을 조절하고, 그 다음 태양복사에너지를 고려해야 한다.

생각해볼 것

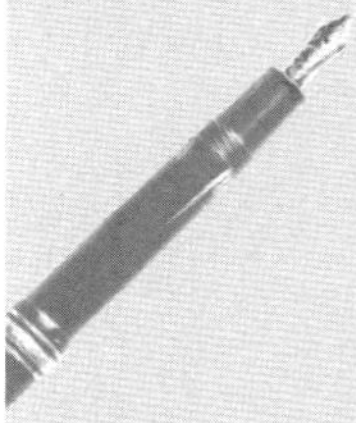

1. 한 여름 당신은 일기예보에서 습도에 관한 예보를 듣고 있다. 당신은 이 예보가 옥외의 모든 상황에서 완전히 맞아떨어질 것이라고 생각하는가? 보다 완벽하게 하기 위해 당신이 추가할 사항이 있는가?
2. 한겨울이라고 생각해보자. 당신은 일기예보에서 풍속냉각지수(wind-chill index)를 듣고 있다. 그것으로 완전하다고 생각하는가? 완벽을 기하기 위해 당신이 제안할 사항은 없는가?
3. 1장 1번 문항의 정원설계를 다시 생각해보자. 사람의 열쾌적성을 포함한 당신의 설계과정은 어떠한가? 당신이 제안할 수 있는 해결책은? 1장에서 제시한 것과는 다른가? 그 이유는 무엇인가?
4. 1장 5번 문항의 데크설계에서 당신은 인간의 열 쾌적성을 고려했는가? 지금 그 제안을 바꿀 것인가?
5. 당신은 해변에 있는 배구장에 앉아 있다. 일광욕을 하는 사람과 발리볼을 하는 사람 간의 쾌적함에 대한 욕구가 어떻게 다른가? 이 차이점이 두 활동을 위한 다른 장소를 선정해야 하는 정당한 근거가 되는가? 해변이나 배구장 근처에 설치되기 바라는 시설이나 미기후가 있는가?
6. 옥외 스케이트장을 설치하는데 당신이 최적의 장소를 선택하도록 제안을 받았다. 지역주민들은 지역의 한 도시공원에 설치되기를 원한다. 최적의 장소를 선택하는데 당신은 어떠한 부지조건을 고려하겠는가? 사람들이 쾌적하게 스케이트를 탈 수 있는 빙판을 유지하는데 필요한 미기후 조건은?
7. 시청은 도시공원을 통과하는 다목적 오솔길을 설치하려고 한다. 당신은 여러 부류의 사람들이 이용하게 할 것인가? 산책하는 사람, 조깅하는 사람, 달리기하는 사람, 자전거 타는 사람들에게 적합한 부지 특성은? 계절별 특성은? 모든 사람을 동등하게 수용할 수 있는가?

5장 건물의 에너지 보존

조경설계에서 미기후를 고려하는 주요 이유는
건물의 냉방과 난방에 필요한
에너지량을 최소화하기 위해서이다.

도입

미기후를 고려한 설계는 건물냉방과 난방에 사용되는 에너지량을 절약하는데 큰 역할을 할 수 있다. 에너지원의 값이 싸고 쉽게 이용할 수 있을 때, 사람들은 주택의 단열을 신경 쓰지 않거나 에너지 효율성을 감안하지 않고 개발하고는 했다. 석유와 천연가스 같이 재생 불가능한 에너지원은 고갈되기 때문에 이용가능성은 점점 소멸되어가고 가격은 상승할 것이다. 시간이 점차 변화함에 따라 효율적인 에너지 주택의 중요성이 증대될 것이다. 이러한, 이슈는 1970년대의 이른바 에너지파동 기간 동안 매우 중요시 되었고 아마 미래에도 계속 중요시 될 것이다.

주택들은 높은 에너지효율성을 지니도록 요구받게 될 것이다. 벽과 천정은 단연성과 기밀성 있는 시공으로 열 손실은 최소화할 것이며, 계획이 잘된 창문들은 햇볕이 잘 드는 추운 날씨 동안에 태양열을 공급해 줄 것이다. 그러나 북위도 지역의 대다수 주택들은 벽, 창문, 문틀 주위가 서로 잘 맞물려 있지 않고 햇빛이 잘 들어오지 않으며 단열수준도 낮다. 이러한 건물들은 주변의 미기후를 조절하여 크게 혜택을 얻을 수 있다.

■ **조경설계는 건물의 단열과 난방에 사용되는 에너지량에 중요한 영향을 끼친다.**
조절된 미기후로 인한 에너지 감소량은 건물의 구조에 의해 좌우된다. 단열성이 높고 기밀성이 좋은 건물은 최대 에너지 절감효과가 있는 반면, 단열도가 낮고 외풍이 있는 건물은 최소 절감효과를 얻을 수 있다.

사람의 열 쾌적성에 관한 논의에서 언급한 바와 같이, 에너지 보존을 위한 경관설계에는 다양한 접근 방법들이 있다. 그중 가장 좋은 접근방법은 다음과 같다.

■ 건물에 대한 에너지 효율성이 높은 환경은
1) 미기후요소들이 에너지 이용에 어떤 영향을 주는가
2) 경관이 미기후에 어떻게 영향을 미치는가
에 대한 이해를 통해 만들어질 것이다.

에너지 보존을 위한 설계에 접근하는 가장 효율적인 방법은 첫째로, 에너지 이용에 가장 크게 영향을 미치는 미기후 요소를 이해하는 것이다. 한편, 건물의 에너지 평형에 그다지 큰 영향을 주지 않는 요소들은 고려대상에서 제외한다. 둘째로, 경관의 영향을 받을 미기후의 구성요소들을 이해하는 것이다. 사람들의 열 쾌적성에 영향을 주는 요소들로서 이러한 미기후 요소들에 대해 우리들은 익숙하며, 건물에 대한 영향도 본질적으로 비슷하다.

건물의 에너지 평형모델

3, 4장에서 살펴본 것과 같이, 에너지 평형은 경관을 구성하는 요소나 표면 상태를 통해 모델화할 수 있다. 이는 표면에서 들고 나는 에너지의 흐름을 이해하기 위한 효율적이고 합리적인 접근 방법이다.

■ 건물의 에너지 이용은 건물을 들고나는 모든 에너지 흐름을 고려하여 평가할 수 있다(에너지 평형).

우리는 건물 내부와 외부의 여러 에너지 흐름들을 설명하는 식을 유도할 수 있다(그림 5.1 참조).

평형 = 순 복사량 + 내부의 열
− 대류로 인한 열 손실 − 전도 − 공기교환

그림 5.1
건물의 에너지 투입과 산출을 포함한 에너지 평형은 사람에너지 평형과 유사하다. 그러나 식의 구성요소는 다르다.
평형 = 순태양복사 + 순지구복사 + 내부열원 − 대류 − 전도 − 공기교환

■ 사람의 에너지 평형의 결과는 쾌적성 수준인데 반해, 건물의 에너지 평형 결과는 내부의 온도를 지속하는데 필요한 에너지량이다.

북위도 지역의 건물들은 난로, 벽난로, 전기난로 등의 여러 내부 열원을 가진다. 또한 많은 건물들이 너무 데워졌을 때 찬 공기를 낼 수 있는 장치도 가지고 있다. 장치가 무엇이든 간에, 온도조절장치를 이용하여 건물의 내부온도를 일정하게 유지하는 것은 쉬운 일이다. 이런 장치는 건물 내의 기온을 정확하게 18~25℃의 고정된 온도로 일정하게 유지해 줄 것이다.

건물주변의 미기후가 우리가 원하는 내부의 조건과 비슷할 때, 여분의 에너지는 거의 또는 전혀 필요 없게 된다. 그러나 미기후가 원하는 내부 조건과 다르면 많은 에너지가 필요할 것이다. 경관설계조작을 통해 미기후를 조절함으로써 필요 에너지의 양을 감소시킬 수 있는 것이다.

■ 건물 내·외부의 에너지 흐름은 내·외부간의 상대온도에 따라 좌우된다. 에너지는 온도가 높은 지역에서 온도가 낮은 지역으로 흐른다.

■ **건물의 안과 밖의 에너지 흐름은 양방향에서 일어난다. 즉, 복사에너지는 흡수되기도 하고 방출되기도 한다. 내부의 에너지원이 건물의 열을 증가시킬 수도 제거할 수도 있다. 대류나 전도가 건물에 열을 가할 수도, 제거할 수도 있는 것이다. 그것은 실내온도가 대기온도보다 더 높은지 더 낮은지에 의해 좌우된다.**

■ **건축물에서 증발현상은 사람과 같이 땀을 흘리거나 마르지 않기 때문에 건물에너지 평형에서 중요한 인자는 아니다. 그러나 특별한 경우에 한해서 빌딩을 냉각시키는데 의미 있게 사용될 수 있다.**

한 예로 평평한 지붕의 건물은 지붕에 빗물이 고인다. 이것은 증발될 수 있는 물을 제공해서 결과적으로 건물의 냉각비용을 절감시켜 줄 것이다. 다른 예로는 덩굴식물로 덮여 있는 주택이다. 덩굴이 자라 증산작용을 하고 그로 인해 물이 증발해서 건물이 시원해진다. 어떤 에너지 평형모델에서처럼 건물의 열 균형은 건물 내·외에서의 에너지 흐름을 고려해야 한다. 북위도 지역에 있는 개인주택들의 주 열원은 난로나 히터와 같은 내부열원이다. 그리고 또 다른 주 에너지원은 복사열이다. 햇빛이 창문을 통해 건물로 유입될 때, 이 빛은 직접 건물에 열을 공급한다. 만일 빛이 벽이나 지붕에 내려 쬐면 표면에 열을 공급하고, 또한 옆 건물 측면으로 전도되는 에너지 손실량을 감소시켜 준다. 건물에 흡수된 태양복사량은 표면의 알베도율에 의해 좌우된다. 밝은 색의 표면은 일반적으로 더 많은 태양 빛을 반사하고 어두운 색의 표면보다 덜 흡수한다. 창문은 대부분의 햇빛을 건물 내부로 흡수하고, 내부의 표면 알베도율(반사율)은 어느 정도 빛을 흡수하여 열로 전환되는지를 판단하게 한다.

열은 대류를 통해 건물에서 손실될 수 있다. 대류의 열 손실량은 건물과 대기의 온도차에 의한 것과 풍속에 의해서 영향을 받는다. 열은 (1) 벽이나 창문, 그리고 지붕을 통해 내부에서 외부로 전도되거나 또는 (2) 창문과 문의 틈이나 개방을 통한 공기교환으로 손실될 수 있다. 어느 방법이든지 간에 건물에서는 풍속이 중요하다. 강한 바람은 큰 열 손실을 가져온다. 건물에 부는 바람을 감소시킬 수 있다면, 건물에 사용되는 에너지는 감소할 것이다.

건물의 에너지가 손실되는 또 다른 경로는 지구복사를 통한 손실이다. 실제로 중요한 것은 지구복사의 평형이다(예로, 건물이 방출된 복사량과 경관이 받은 복사량 간의 차이). 이 양은 지표면의 상대적인 온도에 의해 좌우된다. 일반적으로 지구의 복사평형을 통해 얻어지거나 손실되는 건물복사량은 많지 않다.

건물의 에너지 사용에 영향을 미치는 다른 요소들로는 단열정도, 창문, 투과율이 있다.

건물의 에너지 이용에 대한 경관의 영향

건물에 영향을 미치는 주요 에너지흐름 네 가지 요소들 중에서 두 요소들만이 경관에 의해 영향을 받고 이에 따라 열사용량에 영향을 크게 준다. 다시 정리해보면, 습도와 기온은 경관에 크게 영향을 미치지 않으나 바람과 복사는 큰 영향을 준다(그림 5.2 참조).

■ **인간의 열 쾌적성에 대해 바람과 복사는 조경설계 조작으로 조절될 수 있고, 건물의 에너지 이용에 큰 영향을 끼칠 수 있다.**

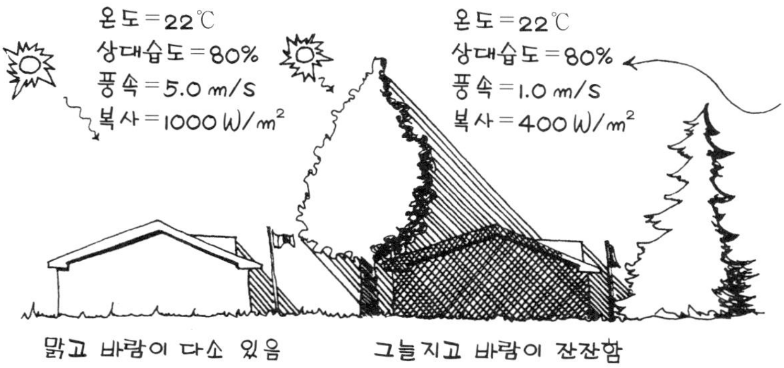

그림 5.2
개방지역에서 건물이 받는 바람과 복사는 다른 미기후 지역에서 건물이 받는 바람과 복사와는 큰 차이가 있다.

건물의 에너지 이용에 대한 설계 적용

건물주변의 경관을 설계할 때에는 몇 가지 일반적인 원리가 있다. 여러 적용사례를 통해 보았듯이 이런 원리들은 모든 상황에서 똑같이 적용할 수 없으며, 주어진 상황에 따라 적합하게 조절해야만 한다.

■ **계절별 태양과 바람의 상대적 중요성은 사람에게 적용된 것과는 달리 건물에서는 명확하지 않다.**

■ **사람을 감싸고 있는 주변의 미기후를 생각해보면 개인의 체온은 대부분 주변의 온도보다 높다. 이것은 에너지의 흐름이 주로 오직 한 방향으로 흐르는 것을 의미하며, 1차식으로 계산할 수 있고 비교적 간단하게 일반화할 수 있다. 따라서 건물 내부의 온도는 외부의 기온보다 종종 높거나 낮아짐에 따라 에너지가 양 방향으로 흐르게 되고, 이런 경향들은 쉽게 일반화하기가 어렵다.**

이것은 또한 건물의 시공방식과 재료, 노동의 숙련도에 따라 크게 차이를 보인다. 다양한 종류의 건물들에 따라 미기후는 다르게 반응한다.

■ **건물의 단열성이 매우 좋고 기밀성이 높다면, 바람은 중요한 문제가 되지 못한다. 매우 차가운 기후조건에서 조차, 바람은 에너지 사용에 적은 영향을 미칠 것이다. 그러므로 이와 같은 주택의 유형을 고려해볼 때, 태양복사는 일 년 내내 주요 요소로 작용한다.**

기밀성이 잘 시공되어진 건물들은 공기교환이 아주 엄격히 통제되고 에너지 손실이 매우 적다. 기밀성 있는 주택은 바람의 영향력이 적기 때문에 에너지가 교환되는 양이 적을 것이다. 이것은 외부 기온이 내부의 설정온도보다 낮을 때(늦가을, 겨울, 이른 봄)를 뜻하고, 이 시기에는 창문을 통해 건물에 유입되는 복사를 허용하는 장점이 있다. 외부 온도가 내부설정 온도보다 높은(늦봄, 여름, 초가을) 시기에는 건물로 유입되는 태양복사를 차단하는 장점이 있다. 이것은 다음 장에서 몇 가지의 방법들을 통해 실행될 수 있다. 이 방법들은 다음과 같다.

(1) 집주변에 낙엽수를 식재하면 여름철 창문 앞에 그늘을 제공해주지만, 가을철에는 잎이 떨어져 태양복사를 수용하게 된다.
(2) 창문의 윗부분을 돌출시킨다면 태양의 고도가 낮을 때(겨울)에는 빛이 잘 들지만, 태양고도가 높을 때(여름)는 빛을 차단한다.
(3) 이동이 가능한 햇빛 차단장치를 설치한다.

이와 같이 우리의 상상력을 발휘하면 여러 가능성들이 있다.

■ **건물의 단열성이 매우 떨어지고 기밀성이 높지 않다면, 겨울철에는 바람이 가장 중요한 요소가 될 것이다. 주변**

경관을 조작하여 건물에 도달하는 풍속을 감소시킬 수 있는 설계가 되어야 한다.

특히, 북위도 지역 대부분의 건물들은 단열성이 좋지 않고 기밀성이 높지 않기 때문에 결과적으로 건물 주변의 바람 조절을 통해 유용한 효과를 얻을 수 있다. 따뜻한 건물에 빠르게 이동하는 찬바람은 대류를 통해 건물 표면의 열을 빼앗아 갈 것이므로, 건물의 외부는 차가운 대기의 온도와 같아질 때까지 계속 냉각될 것이다. 빼앗기는 열에너지는 건물의 벽을 통한 전도에 의해 건물 내부로부터 운반된 것이다. 내부와 외부의 온도차가 크고, 절연수준이 낮을수록 더 많은 열이 전환된다.

바람 때문에 에너지가 손실되는 주 에너지 흐름은 건물의 틈새를 통한 것이다. 만일 찬 외부의 공기가 창문과 문 주위의 틈새로 따뜻한 공기를 지속적으로 차갑게 만듦에 따라 공기에 열을 가할 추가 에너지가 지속적으로 필요하게 된다.

풍속이 빠를수록 더욱 효과적으로 열을 빼앗아 간다. 만일 건물 주변의 풍속을 감소시키면 바람은 상대적으로 열을 적게 이동시키고, 이것은 건물을 보온하는데 쓰이는 열이 절감된다는 것을 의미한다. 사람의 경우와 마찬가지로 바람이 이 상황에서는 주된 요소이고 태양복사는 2차적인 고려사항이다.

■ 여름철에 태양복사조절은 가장 중요한 사항이다. 건물이 열을 많이 받는 시기에 건물에 맞닿는 태양복사를 감소시킬 수 있는 설계가 필요하다.

여름철 기온은 비교적 건물내부의 설정온도와 비슷할 것이기 때문에 대류에는 큰 영향을 주지 않는다(예외적으로 매우 더운 상태일 때는 대류가 건물에서 발생할 것이다). 일반적으로 태양복사는 여름에 매우 중요한 고려사항이므로 건물은 태양복사로부터 가려져야 한다.

■ **건물에 닿는 복사에너지는 건물표면을 가열시킨다. 겨울에는 내·외부간의 온도경사가 낮아지므로 벽이나 지붕의 사이를 지나는 열량도 감소한다. 따라서 겨울동안에는 건물에 태양복사에너지를 많이 흡수할 수 있도록 경관설계를 해야 할 것이다.**

대부분의 열원은 겨울에 필요하므로 외부의 벽과 지붕으로 태양복사에너지를 받아들이고, 건물의 내부로 태양복사를 투과시켜 생활공간에 열을 직접 전달할 수 있도록 해야 한다.

■ **여름에 태양복사에너지는 외부의 벽과 지붕에 부딪혀서 내·외부사이의 온도 차이를 발생시켜 많은 열이 벽을 통해 건물로 이동한다. 따라서 여름에는 건물주변에 그늘을 제공할 수 있는 경관을 설계해야 한다.**

사람의 경우와 마찬가지로 여름철 건물에 그늘을 조성하는 것은 매우 중요하다. 대기가 내부설정 온도와 거의 같은 경우를 생각해 보면, 대류는 아주 비효율적인 메커니즘이므로 복사를 조절하는 것이 가장 중요하다.

■ **여름철 기온은 건물의 내부온도와 거의 비슷해지므로, 바람은 건물 내 에너지 이용에 효과를 거의 미치지 못한다. 기온이 건물 내부의 온도보다 높을 때, 바람은 건물을 더욱 따뜻하게 할 것이다. 온도 차이가 크고 바람이 강한 장소일수록 보다 많은 열이 필요하게 된다.**

일반적으로 여름에는 '시원한 바람'이 있다. 바람이 건물보다 온도가 높을 때는 건물을 가열할 것이다. 바람을 시원한 미풍으로 느끼게 하는 유일한 방법은 바람의 온도를 건물의 온도보다 낮게 하는 것이다. 따라서, 일반적으로

■ **건물의 에너지 보존을 위한 설계를 할 때, 여름에는 건물에 가능한 한 많은 그늘을 제공하고, 봄과 가을, 겨울에는 건물에 많은 빛이 흡수될 수 있게 해야 한다. 또한, 일반적으로 겨울에 주 풍향을 차단해야 한다.**

이러한 일반지침은 대부분의 경우에 적용된다. 특수한 경우에 있어서는 다음 장에서 설명할 것이나, 대개는 이들 원리가 잘 적용될 것이다.

적용사례

■ **에너지 보존을 위한 설계를 할 때, 가을과 겨울, 봄에는 태양과 접촉하는 면이 많고 바람에 잘 노출되지 않도록 하며, 여름에는 그늘을 많이 제공하도록 설계를 해야 한다(그림 5.3 a와 b).**

연간 효율성

이를 해결하기 위한 설계 방법으로 늦봄에 잎이 나서 초가을에 낙엽이 지는 낙엽성 수목을 식재하는 것이다. 이 나무들은 건물의 남쪽, 서쪽뿐만 아니라 동쪽에도 식재해야 한다. 침엽수는 가을과 겨울, 봄철에 건물주변, 주로 찬바람이 불어오는 곳에 열식한다(북쪽, 북동쪽과 북서쪽이 주풍향이다).

여름철

겨울철은 따뜻하고 여름철은 더워서 주된 에너지 소모가 냉방비로 소비되는 지역에 위치한 주택을 생각해보자. 주요 관심사항은 주택에 태양광선이 도달하는 것을 통제하고 조절하는 것이며, 주택의 온도를 높이는 더운 바람을 조절하는 것이다.

그림 5.3
건물의 에너지 이용을 최소화하기 위한 경관을 설계할 때 (a) 겨울에는 바람을 차단해야 한다. (b) 여름에는 그늘을 많이 만들어야 한다. 이러한 조절은 낙엽수를 사용한 식재 계획으로 이루어진다.

(a)

(b)

첫 번째 수단은 혹서기 동안 주택에 가능한 한 많은 그늘을 만드는 것이다. 방법은 여러 가지가 있으나, 가장 적합한 방법을 택해야 한다. 그늘을 위해 키가 큰 낙엽수를 식재할 수도 있으며, 벽에 덩굴식물을 식재하여 그늘뿐만 아니라 부가적인 증발작용을 통해 건물을 시원하게 유지할 수도 있다. 또 창문의 그늘조절장치는 햇빛이 주택내부로 들어오지 못하도록 차단시켜준다.

주택외부에 그늘이 드리워질 수 있다면 바람은 감소되어야 한다. 한편, 주택외부의 태양광선이 강하면 바람은 다른 역할을 수행할 수 있다. 태양광선은 외부표면의 온도를 높여서 대기의 온도보다 훨씬 더 높아진다. 이 경우에 바람은 대기온도로 건물표면온도를 낮추는 역할을 한다.

주택의 알베도율(반사율)은 에너지 흡수를 감소시킬 수 있다. 흰색과 검은색 벽이 똑같이 근접적외선과 지구복사에너지를 잘 흡수할지라도, 외벽이 흰색인 경우 검은 색보다 태양광선을 반사하는데 매우 효과적이다.

겨울철

겨울은 매우 길고 춥지만 여름은 짧은 북위도 지역의 주택을 생각해보자. 이 경우, 단열성이 높고 기밀성이 있는 주택에서 가장 중요한 사항은 주택으로 부는 바람을 감소시키는 것이다. 이를 해결하기 위해서 먼저 주 풍향에 관한 날씨자료를 조사해야 한다. 예를 들어, 겨울철 약 60% 정도의 바람이 북서쪽에서 불며 25% 정도는 북쪽과 서쪽에서 불어온다면, 세 방향의 바람을 차폐함으로써 약 80%의 바람을 조절할 수 있다. 이 같은 조절은 바람을 막아주는 침엽수의 형상, 고형구조, 심지어 위의 세 방향들에 접한 주택측면의 파사드, 즉 주택주변의 침엽관목이나 벽면덩굴 등으로 조절할 수 있다.

일단 문제점이 파악되면 여러 가지 해결방법이 있다.

계량적 분석결과

기후가 온난한 지역의 주거에 관한 연구결과, 바람막이를 이용하여 주택 근처의 풍속을 낮추어주면 추운 겨울 동안 주택을 난방하는데 소모되는 에너지를 약 15% 이상을 줄일 수 있다고 밝히고 있다. 태양에너지의 활용으로 실제적인 에너지유입을 얻을 수 있다. 어떤 지역에서는 태양에너지의 유입으로 추가적인 열원이 거의 필요 없는 경우도 있다. 그러나 대부분 지역에서는 건물을 난방하는데 필요한 에너지를 줄이기 위한 저렴한 방식을 생각해야만 한다.

요약

건물 에너지의 효율성에 대해 생각해보면, 많은 원칙들이 인간의 열 쾌적성 원칙들과 유사하다. 그러나 몇 가지 차이점들이 있는데, 그것은 건물 내부온도가 외부기온보다 때론 높거나 낮기 때문에 적정 온도를 유지하는데 필요한 에너지량에 대한 문제를 야기한다.

■ **조경설계를 통해 에너지 효율성이 높은 건물을 설계할 수 있을 것이다.**
단열성이 낮고 공기틈새가 많은 오래된 건물은 에너지 효율이 높은 경관설계가 이루어져야 한다. 조경설계를 통해 햇빛이 많은 시기에는 건물에 그늘을 형성하고, 햇빛이 적은 시기에는 건물에 빛이 잘 들게 한다. 추울 때 바람을 감소시키는 것은 매우 중요하지만, 더울 때도 바람을 감소시킬 필요가 있다. 단지, 특수한 경우에는 건물에 그늘이 없는 더운 시기 동안 바람이 필요하기도 하다.

생각해볼 것

1. 주변 이웃이 현재의 주택에서 에너지를 줄일 수 있는 설계를 의뢰했다. 그는 즉각적인 절감대책 뿐 아니라, 장기적인 절약방법에도 관심이 있다. 당신이 그의 주택과 정원을 평가할 때 조사해야 할 사항은? 그에게 먼저 제안하고자 하는 방법은 무엇인가? 차선책은 무엇인가? 당신의 제안이 어느 정도의 영향력을 가질 것인가?
2. 지역교육위원회가 학교의 에너지 사용을 줄이기를 원하지만, 건물보수에 대한 비용발생을 원치 않는다. 그들이 당신에게 조경설계를 통해 도움을 요청하였을 때 당신은 도와줄 수 있다고 생각하는가? 당신의 제안은 무엇인가? 도시의 모든 학교에 적용할 수 있는 일반지침을 제시할 수 있는가? 그렇다면 어떤 것인가?
3. 개발업자가 시공, 배치, 경관 측면에서 모두 에너지 효율이 높게 대지를 구획하려고 한다. 이러한 요구를 수용할 수 있는 주택과 도로배치에 대한 당신의 일반적인 제안사항은? 각 주택에 주차장을 어떻게 배치하고 모든 주택에 제안할 수 있는 경관설계 요소는 무엇인가?
4. 도시계획위원회는 당신이 지역계획도에 에너지효율적인 구획분할 설계를 할 수 있음을 알고, 모든 개발업자에게 법적으로 요구할 수 있는 동일한 지침을 작성하길 바란다. 당신이 법이나 규범(지침)으로 그들에게 제시할 수 있는 사항은?
5. 당신은 주차장이 있는 연립주택부지에 대한 설계를 의뢰받았다. 건물의 향에 대한 고려사항과 건물이 가져야 할 특성은 무엇인가?

▶ MEMO ◀

6장 복사조절

복사에너지는 경관요소의 조작을 통해
조절이 가능한 미기후 요소로
인간의 열 쾌적성, 건물의 에너지 이용,
경관의 여러 다른 요소에 큰 영향을 주기도 한다.
미기후를 고려한 조경설계에서 복사에너지는
매우 중요한 요소이다.

도입

태양복사는 지구의 기후를 '생성'하는 원동력이고, 사실상 모든 미기후의 연료와 같은 존재이다. 태양복사는 인간의 열 쾌적성과 건물의 에너지 이용에 영향을 미치는 가장 중요한 요소 중 하나이다. 복사는 미기후에 큰 영향을 끼치고, 경관요소에 의해 조절될 수 있어 설계를 통한 조작이 가능하다. 경관에서 (바람과 함께) 복사는 미기후에 가장 중요한 두 가지 요소 중에 하나이다.

그러한 중요성에도 불구하고 복사는 종종 파악하기 어려운 경관요소이기도 하다. 또한, 이해하고 시각화 하는데 가장 어려운 개념 중 하나이다. 복사가 어디서 오고 지표면에 도달할 때 어떤 일이 일어나는지, 어디로 가는지를 마음속에 그려보는 것이 중요하다. 2장에서 복사를 소개하였고, 여기서 경관요소를 복사조절과 관련시켜 좀 더 자세히 알아보고자 한다.

기본적 개념들은 다음과 같다.

■ 모든 물체는 복사열을 방출한다.

태양이나 인공광선, 심지어는 당신이나 이 책으로부터도 일정한 복사흐름이 있다. 어떤 복사는 빛의 형태로 지각되지만, 대부분 눈으로 보기 어려워 관찰되지 못한다. 복사는 매우 중요하므로 보이지는 않지만 소홀히 취급해서는 안 된다. 복사는 엄청난 에너지를 갖고 있고 지표를 가열한다. 일반적으로 우리는 가시광선을 이해하는 것과 같은 방식으로 많은 부분을 이해할 수 있다.

먼저 가시적인 복사를 살펴보고 그 역할을 명확하게 이해해야 한다.

■ 복사는 직선으로 이동한다(그림 6.1).

복사는 태양으로부터 평행하게 직선으로 이동하고 물체로 차단되거나 굴절되어 에너지가 약해지게 된다. 태양복사는 태양에서 직선으로 오고, 우리는 이 광원이 평행하다고 믿기 때문에 경관의 어느 한 부분의 그림자 모습은 경관 내의 다른 곳의 그림자와 평행할 것이라고 생각한다.

이것은 이해해야 할 매우 중요한 특징이다. 만약 태양이 지표면에 닿기 전에 태양으로부터의 복사를 차단하기 원한다면 당신은 태양의 위치(이 절의 마지막에 계산방법 제시)를 알아야 하고, 다음 태양과 지표면 사이에 어떤 물체가 놓이는지를 알아야 한다. 태양직사광선은 물체 주변으로 우회해서 돌아갈 수 없다.

그림 6.1
직사광선은 직선의 평행선으로 이동하여 그림자 모습을 예측할 수 있다.

■ 복사가 어느 표면에 도달하게 되면 일부는 반사되고, 일부는 흡수되고 물체를 통해 전도된다. 그 외의 다른 것은 일어날 수 없다(그림 6.2).

이것이 또 하나의 매우 중요한 개념이다. 표면에 도달하는 복사 중 일부는 정상적으로 반사된다(이것이 표면의 반사 작용이다). 우리가 가시광선에 대하여 논의했을 때, 이것을 물체의 알베도라고 하였다. 자연 물체의 알베도는 표 3.1에 목록으로 나타냈다. 대부분의 물체는 일정범위의 알베도 값을 가지고 있다. 이것은 자연에 다양한 요소가 있기 때문이다.

반사된 복사는 또 다른 표면에 부딪치게 되고 다시 반사, 흡수되거나 전도하게 된다.

보통 표면에 도달한 복사에너지는 물체 속으로 흡수된다. 복사로부터 발생되는 에너지는 물체의 분자로 이동한다. 이것이 분자운동을 활발하게 하여 물체의 온도를 상승시킨다. 불투명한 물체가 받는 모든 복사에너지는 반사나 흡수로 설명될 수 있다. 반사되지 않은 모든 복사에너지는 물체 내에 흡수된 것이다.

투명하거나 반투명한 물체들은 하나 이상의 복사 경로를 가지고 있어, 물체를 통해 전도된다. 이 복사에너지를 경관의 다른 표면에 받아 이용할 수도 있다. 나뭇잎과 물을 포함하여 모든 자연요소들이 복사를 전도한다.

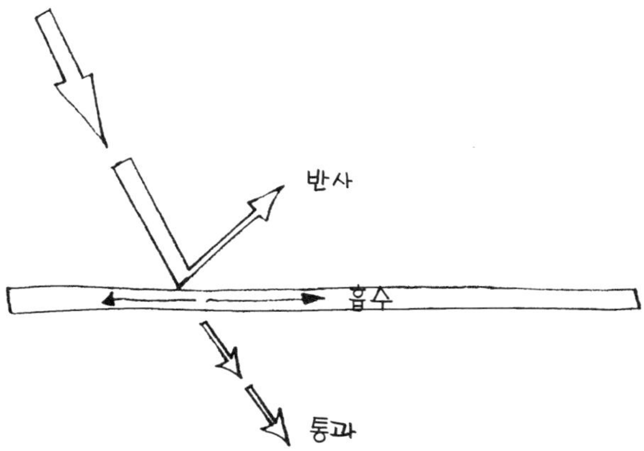

그림 6.2
표면에 도달하는 복사는 반사, 흡수되거나 표면을 통해 전도된다. 그 외의 다른 것은 일어날 수 없다.

복사유형

■ 앞서 언급한 바와 같이 복사는 두 유형으로 논의된다. 태양이 방출하는 태양복사와 지구상의 물체가 방출하는 지구복사이다(그림 6.3).

간단하게 복사를 두 유형으로 나눌 수 있다. 그들은 같은 방법으로 빛을 발산하고, 같은 방식으로 경관을 통해 이동하며, 모든 복사는 에너지를 운반한다. 두 범주로 복사를 구분하는 이유는 둘 사이에 작지만 중요한 차이가 있으며, 이러한 차이는 미기후를 고려한 경관설계에 유용한 도구가 된다.

경관을 비추는 햇살을 보면, 태양으로부터 오는 모든 복사를 보고 있다고 생각할 수 있다. 그러나 이것은 태양 전체복사량의 약 50%만이 육안으로 볼 수 있기 때문에 사실이 아니다. 나머지 50%는 볼 수 없으며, 이들은 굉장히 많은 에너지량을 지니고 있다. 이 에너지는 가시광선과 마찬가지로, 지표면에 흡수될 때 열로 전환된다.

그림 6.3
태양복사는 태양으로 부터 발산된다. 지구복사는 지구상의 모든 물체로부터 나오는 것이다. 지구복사는 경관에 놀랄만한 에너지의 양을 공급하나, 통상 경관 내의 다른 물체와 평행을 이루기 때문에 태양복사만큼 현저하지 않다.

■ 지구가 받는 태양복사의 일부는 볼 수 있고(태양복사의 약 50%는 '빛'으로 볼 수 있다), 일부는 볼 수 없다(태양복사의 약 50%는 육안으로 감지되지 않는다). 그러나 모든 복사는 시각화 할 수 있으며, 가시광선과 같은 방식으로 생각할 수 있다.

태양 복사의 보이는 부분은 일상생활에서도 관찰할 수 있기 때문에 비교적 쉽게 상상할 수 있다. 태양복사의 볼 수 없는 부분과 **태양 적외선** 부분은 대부분의 경우 가시적 부분과 같은 방식으로 움직이나, 미기후에 주요한 영향을 끼칠 수 있는 예외적인 경우들이 있다. 예를 들면, 대부분의 가시적 태양복사는 나뭇잎이 흡수하는데 약 10% 정도 반사되고 10%는 잎을 통해 전도된다. 이와 반대로 태양복사 중 적외선의 약 30%는 나뭇잎을 통해 전도되고, 40% 이상이 반사되며, 약 20%만이 흡수된다. 나뭇잎은 생장하면서 가시광선을 필요로 하며, 생리적으로 느낄 수 있는데, 만약 나뭇잎이 흡수한다면 태양의 적외선 복사가 단순히 나뭇잎에 열을 주고, 나뭇잎은 필요치 않는 복사열을 반사하거나 그대로 통과시키는 능력을 개발한다. 경관의 미기후 측면에서 매우

그림 6.4
수목에 입사되는 가시태양복사의 매우 적은 양이 전도되고, 태양 적외선의 40% 이상이 전도된다. 이는 눈에 보이는 것보다 수목 그림자 속의 복사가 중요함을 뜻한다.

중요한 정보이다. 잎이 무성한 나무의 그림자가 아주 적은 가시 복사를 보유하고 있더라도, 나무 밑에는 상대적으로 태양의 적외선 복사량이 많을 것이다(그림 6.4). 이런 적외선 복사는 볼 수 없지만, 나무 아래에 있는 주택과 사람에게 확실히 느껴질 수 있고, 이들은 에너지 평형에 투입될 것이다.

경관에 있어서 또 다른 복사 유형은 **지구복사**이고, 역시 눈으로 볼 수 없다. 우리는 육안으로 관찰하기 위해 기구를 이용하거나 복사량을 측정하여 지구복사가 있음을 알 수 있다. 온도를 통해 지구표면이 방출하는 복사에너지량을 알 수 있다. 태양의 표면은 온도가 매우 높아, 많은 양의 복사를 방사한다. 지구의 물체는 상대적으로 크지 않은 복사량을 방출하거나, 태양이 멀리 떨어져 있어 그 차이가 우리가 예상한 것만큼 많지는 않다. 태양으로부터 받는 지구 복사의 최대량은 3장에서 언급했듯이 약 1,000 W/m^3이고, 사람이 받는 양은 대기 중의 전도, 반사 등을 고려해서 약 600 W/m^3이다. 여러분이 이 책에서 받을 수 있는 복사량은 약 400 W/m^3이다. 물론, 큰 차이이나 기대만큼 중요한 것은 아니다. 이러한 (적외선 복사에 가까운) 지구복사는 태양복사와 같이 유사한 특징을 많이 가지고 있다. 직선으로 이동하고, 반사하고, 흡수하거나 전도되고, 열 등으로 변화하는 에너지를 수반한다. 한편, 태양복사와는 몇 가지 다른 특성을 가지고 있으며, 그것들은 미기후를 조절하는데 이용할 수 있다. 주요한 차이점들은 다음과 같다.

■ **지구복사가 방출하는 에너지량은 물체가 방출하여 발생하는 온도의 작용이다(그림 6.5). 물체의 온도가 높아질수록, 복사방출량은 많아진다. (햇볕이 내리쬐는) 가열된 아스팔트 표면은 (그림자가 진) 차가운 아스팔트보다 더 많이 방출한다.**

■ 대부분의 자연적인 표면은 표면이 받는 복사량의 대부분을 흡수한다. 매우 작은 양만이 반사되거나 전도된다.

왜냐하면, 경관에서 모든 물체들은 지구복사를 방출하거나 받아들이기 때문이다.

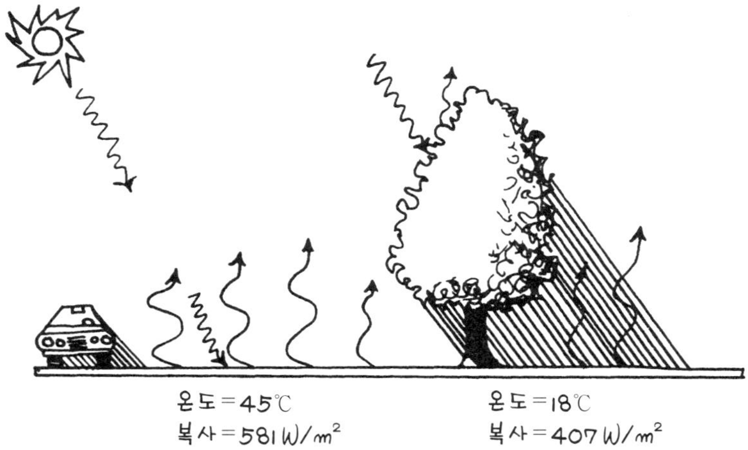

그림 6.5
표면은 온도작용에 따라 복사를 방사한다. 온도가 높아질수록, 복사를 더 많이 방사한다.

■ 사람, 건물 등으로부터 방출되는 양과 일시적인 환경에서 받아들이는 양 사이의 복사평형을 맞추는 것이 중요하다.

바로 이 순간 이 책이 당신에게 복사에너지를 발산하고 있다고 상상해 보자. 여러분 또한 '따뜻하게' 하여 책에 복사를 발산한다. 모든 물체에 흐르는 복사를 마음으로 상상해 보라. 그리고 모든 복사는 물체가 열을 발생하는 에너지를 수반한다.

대부분의 사람들이 전반적으로 퍼져있는 복사를 인식하지 못하는 이유는 평형을 잘 이루고 있기 때문이다. 예를 들면, 당신이 이 책 쪽으로 방출하는 복사량은 책이 당신에게 방출하는 양과 거의 같다. 이와 같은 복사의 평형 결과는 감각적으로 인식할 필요성을 가지지 않게 만든다. 여러분이 불균형한 복사상태를 지각하는 방법으로 한 가지는 추운 방에서 벽난로 가까이에 서 있거나 또는 추운 겨울날 모닥불 가까이에 서 있는 경우이다. 몸의 한 부분에 많은 열을 느낄 것이고, 불(열기)로부터 조금만 벗어나면 꽤 추울 것이다. 복사의 큰 불균형은 열 차이 때문이다. 불에 맞닿은 부분은 상대적으로 적은 양의 복사를 발산하는 동안 훨씬 많은 복사량을 받는다. 불에서 조금 떨어진 곳에 있어도 더 추운 곳에서 받는 것보다 상대적으로 훨씬 많은 양의 복사를 받는다.

지구복사의 불균형을 나타내는 또 하나의 예로서 외부기온이 아주 낮은 추운 날 난방이 잘 되어있는 실내에서 창문 가까이에 앉아 있는 경우이다. 창문의 절연성이 높지 않더라도 방의 벽보다는 더 차가울 것이며, 창문 가까이에 앉아 있으면 상대적으로 차가운 창문 표면에서 복사를 받는 것보다 창문에 더 많은 복사

그림 6.6
통상, 지구복사 평형상태는 거의 제로(0)에 가까우므로 물체가 복사하는 양은 다른 물체가 방사하는 양과 거의 같다. 때론 방출하는 복사량에서 차이가 있을 수 있는데, 이는 비교적 적은 복사량을 방출하는 차가운 창문 옆에서 따뜻한 사람이 상대적으로 높은 비율로 복사를 방출할 때이다. 이 복사 차이는 인간이 느낄 수 있고 열적으로 불쾌하게 만든다.

를 방출하게 된다. 당신은 꽤 춥다고 느낄 것이다. 사람들은 때론 창문의 '틈새' 때문이라고 오해하지만, 창문이 밀폐되었을 때조차 그런 추위를 느낀다(그림 6.6).

만약 겨울철 옥외에 있는 경우와 같이 사람이 주위 환경으로부터 받는 복사보다 많은 양을 방출한다면, 지구복사의 부족분을 채우기 위해 사람에게서 열을 빼앗아 가는 것이다. 조경설계의 관점에서 기존의 매우 추운 장소들에 의도적으로 지구복사를 발생시킬 수 있는 것들을 위치시켜 쾌적한 환경을 만들 수 있다. 야간열차와 나룻배로 이동하는 여행객의 경우가 그 예이다. 언젠가 나는 영국에서 아일랜드로 야간에 여행한 경험이 있다. 우리는 무척 졸렸고, 한 겨울이어서 매우 추웠다. 그러나 갈아타는 역에는 사람들이 있을 때 작동하는 복사히터들이 있었다. 그것들이 기온을 크게 변화시킬 수는 없지만 우리가 건물 안에 들어갈 수 없는 상태에서 히터를 통한 복사에너지의 흡수로 매우 쾌적한 느낌을 가졌었다.

이것은 극단적인 예이지만, 경관 내에서 열원이 기온에 영향을 주지 않고 사람과 건물의 에너지 평형에 영향을 미친다는 것을 보여준다. 여러분은 복사균형이라는 측면에서 열이 초과된 사람들을 냉각시키기 위한 방법으로 차가운 물의 소재로서 폭포와 분수를 생각해 볼 수도 있고, 추운 환경에서 지구복사를 방출하는 따뜻한 표면들을 사용해서 인간의 에너지 평형에 열을 공급해줄 수도 있다. 이런 것들이 효과적인 설계도구가 될 수 있는 것이다.

만약 3장에서 논의한 에너지 평형을 생각해보면, 복사가 단일의 투입요소로 간주될지라도 실제로 받을 수 있는 복사원이 많음을 기억할 것이다.

■ **태양복사는 직사광선(태양으로부터 직접적인 평행광선)이 다른 표면으로부터 산란되어 나온 반사된 복사 혹은 하늘에서 반사되어 산란된 복사로 받을 수 있다. 직접복사는 직선으로 이동한다. 산란되는 복사는 하늘의 모**

든 부분에서 동일하게 온다. 반사된 복사는 직접 또는 산란될 수 있다(그림 6.7).

그림 6.7
지구에 도달하는 태양복사는 몇 가지 다른 구성 형태로 이루어지며, 각각 다른 특성을 갖는다. 직사광선 복사는 태양에서 직접 도달한다. 산란복사는 지구에 도달하기 전에 대기에 부딪친다. 이와 같은 가시부분은 인간에게 푸른 하늘로 보인다. 반사복사는 물체에 부딪쳐 반사된 복사이다. 일반적으로 표면이 거칠거나 울퉁불퉁하지 않으면 직선으로 이동한다. 그런 다음 산란복사와 같이 활동한다.

■ 거의 대부분의 지구 복사는 직사광선으로 온다(다른 물체로부터 직접적으로 도달하고, 조경의 모든 부분에서 받아들여지기 때문에 평행광선으로 받아들여지지 않는다).

■ 경관 속의 어떠한 물체가 어느 정도의 태양복사와 지구복사를 받는 지와 또한 어느 곳으로 방출하는 지를 파악하는 것은 매우 중요한 과제이다.

복사 기하학

복사는 평행 직선으로 이동하기 때문에, 복사 기하학은 다소 쉽게 계산되고 매우 믿을 만하다.

태양의 위치계산

그래서 태양 각과 몇몇의 간단한 삼각법으로 연중 여러 시간대의 물체 그림자를 실제적으로 계산할 수 있다. 더구나, 방출된 지구 복사의 방출량은 물체의 온도에 직접 작용하는 것으로 복사량도 쉽게 결정된다.

시간·장소에 따른 태양의 위치는 방정식과 표, 차트로 계산할 수 있다. 우리는 두 방법 모두를 제시할 것이다. 방정식은 정확성이 높고, 차트는 전반적인 상황을 잘 설명해 준다.

■ 태양의 위치 계산법

여러분은, 방정식을 이용하여 지구의 위치와 시간대에 따른 태양의 고도각과 방위각을 판단할 수 있다. 태양의 고도는 수평선 위에 있는 태양의 수직방향이며, 방위각은 어떤 기준점에 대한 태양의 수평방향이다. 우리는 보통 남 0°, 동 −90°, 서 +90°를 사용할 것이며(그림 6.8), 삼각함수를 사용하여 태양의 고도를 결정할 수 있다.

$$\sin(E) = \sin L \sin D + \cos L \cos D \cos 15\,(T - \text{정오})$$

여기서, L : 측정 위치의 고도(°)

D: 경사각(0) (그림 6.9)

T: 낮 시간과 십진법(24시간을 사용)

그림 6.8
태양과 지구 사이의 각은 고도각이고, 태양의 방향에 대한 각은 방위각이다. 이 각들은 태양주위를 회전하는 지구움직임에 따라 일정하게 변하므로 그림자 다이아그램을 그리기 위해서는 두 각을 알아야 한다.

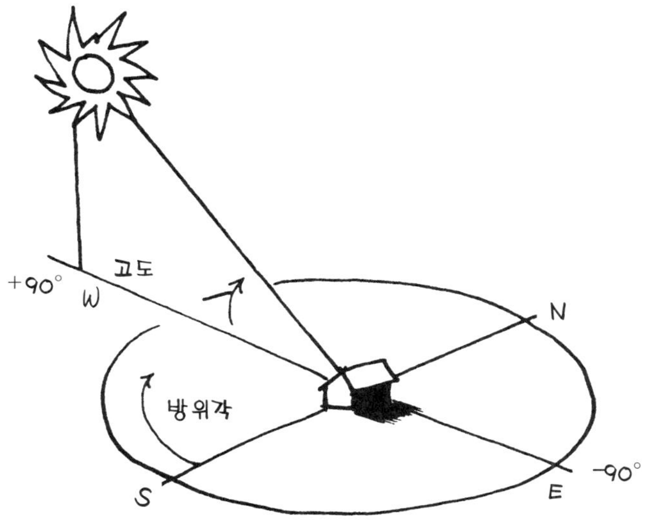

예를 들어, 6월 1일 오전 9시 30분일 때 고도 42°N에서 태양의 위치가 알고 싶다면 다음 수치를 대입할 수 있다.

$$L=42°,\ D=22(\text{그림 6.9}),\ T=9.5(9\text{시 } 30\text{분})$$

그림 6.9
태양의 기울기는 이 차트로 알 수 있다. 기준선에서 측정하고자 하는 날을 찾아 곡선과 만날 때까지 수직으로 따라간다. 이 점에서 차트의 왼쪽으로 이동하면 기울기 각을 알 수 있다.

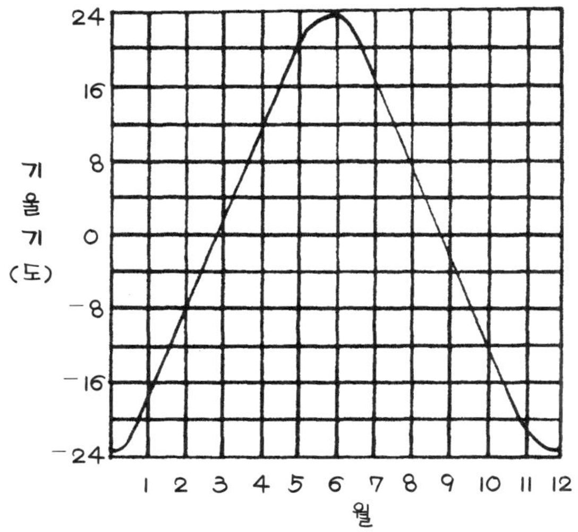

따라서, $\sin(E)=0.797$이므로 $E=$역sin함수$(E)=52.8°$이나 대략 53°이다.

태양의 방위각(A)을 다음과 같이 계산할 수 있다.

$$\sin(A)=(\cos D)[\sin 15(T-\text{정오})]/\cos E$$

이 방위각은 69.7°로서 약 70°에 가깝다.

■ 태양의 위치를 결정하는 표와 차트

만약 주어진 시간과 위치에 대한 태양의 대략 위치를 결정할 필요가 있다면 표와 차트는 정확한 편이다(그림 6.10).

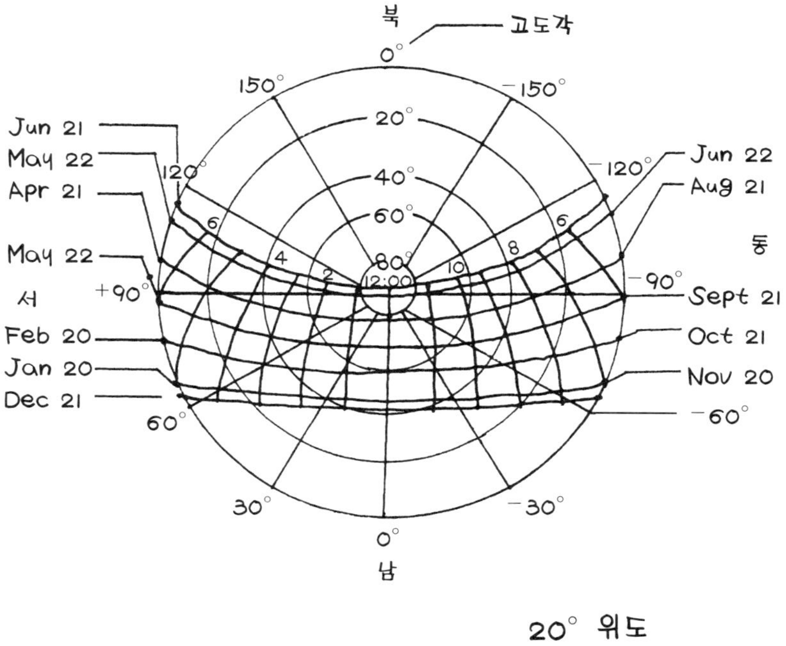

그림 6.10
천공도(skychart)는 태양의 고도각과 방위각을 계산하는데 사용된다. 부지와 가장 가까운 위도를 나타내는 천공도를 선택한 다음, 날짜와 달, 시간을 선택하여 고도와 방위각을 읽는다. 방정식만큼 정확하지 않지만, 차트는 통상 대부분의 계획과 설계 작업에서 활용할 수 있다.

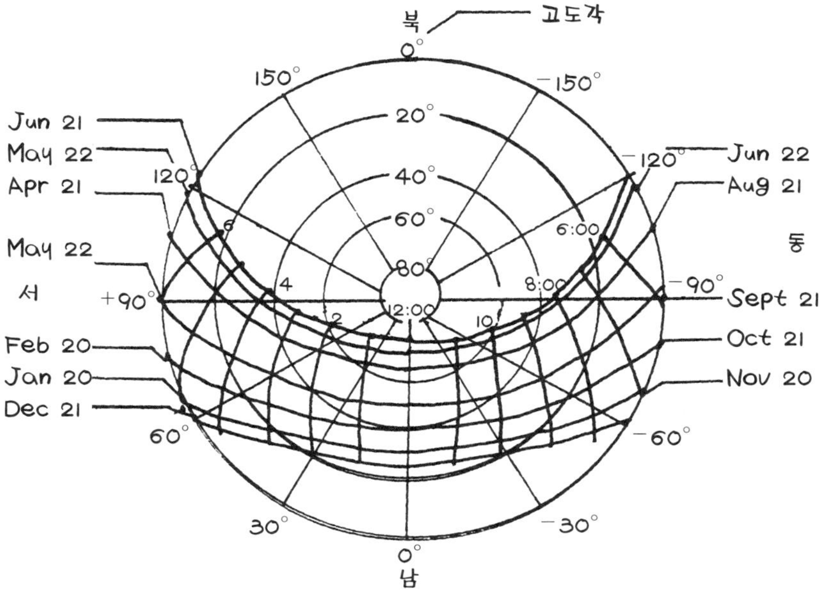
북
고도각
0°
150°
-150°
20°
Jun 21
May 22
Apr 21
120°
-120°
Jun 22
Aug 21
40°
60°
6:00
동
May 22
80°
서
+90°
4
8:00
-90°
Sept 21
2
12:00
10
Feb 20
Oct 21
Jan 20
Nov 20
Dec 21
60°
-60°
30°
-30°
0°
남

40° 위도

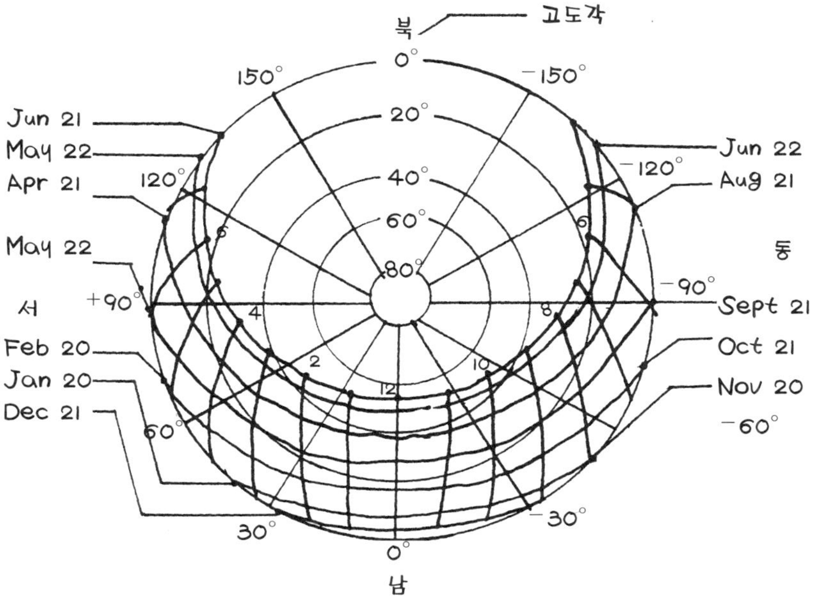
북
고도각
0°
150°
-150°
Jun 21
20°
May 22
Jun 22
Apr 21
120°
40°
-120°
Aug 21
60°
6
May 22
80°
동
서
+90°
-90°
Sept 21
4
8
Feb 20
2
10
Oct 21
Jan 20
12
Nov 20
Dec 21
60°
-60°
30°
-30°
0°
남

60° 위도

차트를 사용하는 방법은 다음과 같다.

- **1단계** : 여러분 위치에 대한 고도를 결정하고, 측정하고자 하는 해의 일자와 시간을 결정한다. 예를 들면, 위와 같은 수치를 사용한다. 즉, 고도=42°N, 1년 중 어느 날=6월 1일, 시간=9 : 30 혹은 9.5시간

- **2단계** : 여러분 위치에서 가장 근사치에 가까운 고도를 차트에서 찾아라. 이 경우 고도의 40° 차트를 사용한다. 측정 날짜와 가장 가까운 날짜를 나타내는 선을 선택하고, 이 경우는 5월 22일 선이다. 당신이 9시와 10시 사이의 중간 지점을 이어주는 선을 따라가라.

- **3단계** : 동심원 밖의 고도각을 읽고, 이 경우 고도는 대략 50°와 60°사이의 중간 지점에 가까우므로 수평선 위를 약 55°로 평가할 수 있다. 그런 다음 차트의 점을 원 밖의 중심 반경선을 따라가면 원 바깥의 값, 대략 −70°를 읽는다. 이것이 태양의 방위각이다. 이 두 수치는 상공에서 태양의 위치가 수평선 위의 약 55°이고, 남동쪽 70°에서 비춘다는 것을 의미한다.

- **4단계** : 당신의 그림자 다이어그램을 작성하는 정보로 $E=55$와 $A=-70°$를 사용하라.

  방정식과 차트는 큰 차이가 없다. 만약 당신이 두 개의 그림자 다이어그램을 구축한다면 각 수를 모아놓기 위한 것이고, 실제로 결과는 거의 동일하다. 차트는 일반적으로 임시 다이어그램을 구축하는데 사용한다. 따라서 만약 당신이 여러 시간대의 한 부지나 여러 계획을 한다면, 아주 효율적으로 수치를 계산하기 위해 간단한 컴퓨터 프로그램이나 계산기를 사용하는 것이 편리하다. 만약, 당신이 컴퓨터 프로그

램에 특별히 숙련되어 있지 않다면, 계산 프로그램에서 단순하게 적절한 정보를 요구하거나 자동적으로 해답을 제시할 수 있어야 한다.

그림자 다이어그램의 구축

그림자 다이어그램은 연중 어느 날, 주요시간대에 태양이 비추는지 그늘에 있는지를 평가하는데 유용하다. 다이어그램에 적용하려는 시간대를 미리 고려할 필요가 있다. 예를 들면, 마당에서 채소원의 위치는 여름의 정오뿐만 아니라 봄과 가을 동안 아침저녁의 그림자 패턴을 보여주는 몇 가지 다이어그램이 필요하다. 이 다이어그램을 분석하여 가장 햇빛이 잘 드는 곳에 정원을 배치할 수 있다.

다른 용도로는 노천카페의 위치결정이나 광장에서 휴식공간의 위치를 결정하는 것도 가능하다. 각 경우 햇빛이 비추는 시간대를 파악하여 이용상의 차이를 만드는 것은 매우 중요하다. 예를 들면, 광장의 휴식공간은 겨울에도 햇빛을 충분히 받을 수 있어야 하고, 한여름에는 가능한 한 많은 그늘을 만들어야 한다. 여러분은 여름을 나타내는 6월 중순, 겨울을 나타내는 2월 중반과 같이 몇몇 주요한 시기를 선택해야 한다. 두 다이어그램의 작성은 위치를 결정할 수 있는 충분한 정보를 제공한다. 다음으로 겨울철의 최대한의 일조와 여름철 최소한의 일조를 받아들이기 위해 다른 날과 시간대에서 위치를 선택해 보려할 것이다.

부지계획과 함께 다이어그램을 구축하는 것을 시작하자. 만약 경사 변화가 크다면 계획에 등고선 자료를 포함해야 한다. 비교적 평탄하다면 나무와 건물의 높이만 필요하다.

그림자를 포함하여 방향을 결정하려면 방위각을 사용하라. 모든 그림자는 같은 방향으로 생길 것이다. 앞의 예에서, 방위각이 −70°이었다. 그림 6.11에서 태양이 −70°이면 그림자는 서북쪽 +110°나 20°쪽으로 생긴다. 각 모퉁이나 각 건물과 수목의 기준으로 +110°쪽으로 선을 그린다. 이것이 모든 그림자의 방향이다.

각 그림자의 길이를 결정하기 위해서는 두 가지 정보를 이용해야 한다. 즉, 물체의 높이와 태양의 고도각이다. 예에서 고도가 약 55°이다. 10 m의 건물이 있다고 생각하면 다음 식을 사용한다.

$$\text{그림자 길이}(S) = \text{건물 높이}(B) / \text{고도}(\tan E)$$

혹은

$$S = 10 / \tan(55°) = 7.0 \text{ m}$$

그림자의 길이가 7 m를 뜻하므로 이 길이에서 선을 자를 수 있다. 우리는 또한 (건물 옥상이 평탄하다고 가정하면) 건물 모퉁이의 모든 선들을 7 m로 자를 수 있고, 그런 다음 건물 그림자를 결정하는 선들을 연결한다(그림 6.11).

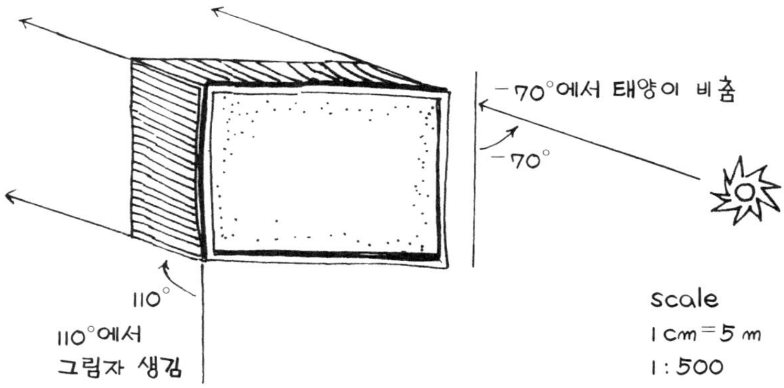

그림 6.11
그림자 다이아그램을 만들기 위해서는 먼저 태양의 고도각을 이용하여 그림자의 방향을 판단한다. 다음, 태양의 고도를 이용하여 그림자의 길이를 판단한다. 이 예에서, 태양고도각은 −70° 로 위치하는 태양이 남동쪽으로 70° 기울어져 있음을 의미한다. 그림자는 반대 방향, 즉 남서쪽 110° 방향에 생길 것이다. 그림자의 길이는 태양고도와 107쪽의 방정식에서 물체의 높이를 사용하여 판단한다.

그림자 다이아그램은 단면도나 투시도로 그릴 수 있고, 나타낼 수 있다(그림 6.11). 예를 들어, 우리는 건물 그림자를 설명할 수 있는 다이어그램을 작성할 수 있으며, 그림자가 시원한 그늘을 제공해 줄 거라고 생각할 수 있다. 그러나 이것은 단지 이론상의 진실이다. 만약 사람이 그림자 가장자리 가까운 곳에 서 있다면, 발목까지만 그림자가 생겨 나머지 부분은 햇볕에 노출될 수 있다. 확실히, 사람의 열 쾌적성을 위한 복사투입은 거의 그림자 밖에 있을 것이다. 여러분들은 다이어그램을 분석하여 실제로 무엇이 진행되었는지를 생각해 보는 것이 중요하다.

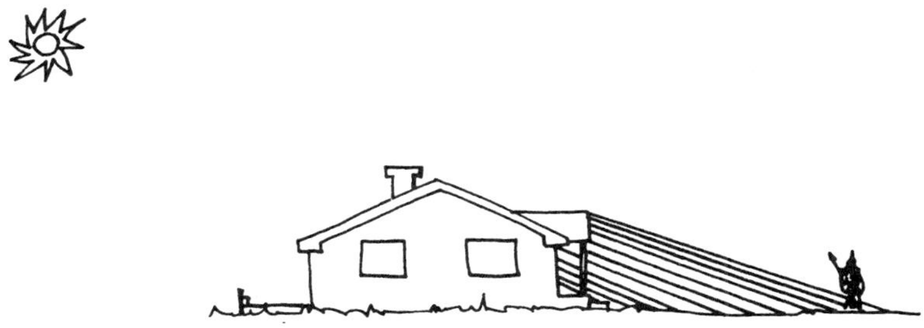

그림 6.12
그림자 다이아그램이 완성되면 단면도나 계획도와 함께 생각해야 한다. 이 다이아그램은 그림자가 사람의 발목에만 생긴다는 것을 설명한다.

검토일시의 결정

연중 일일자료들은 그림자 다이어그램을 구축하는데 중요한 고려사항이다. 만약 당신이 일 년 중 가장 길거나 짧은 그림자와 같은 극한적인 조건을 원한다면 동지(12. 21일 경)나 하지(7월 21일 경)를 택하라. 춘·추분(3월 21일과 9월 23일 경) 시기에 그림자 패턴은 지구의 모든 지역의 낮과 밤이 같다. 당신이 관심 있는 날짜는 일년 중 특별한 시기, 지역 축제일이나 공휴일 같은 때일 것이다.

만약 1년 동안의 상태도를 나타내고자 한다면, 계절 중간의 날을 대신 선택할 수 있다. 예를 들어, 2월 6일은 겨울의 중반쯤으로 한 겨울 상태를 나타내며, 5월 6일은 봄의 중간쯤 된다. 편리하게도 여름중반은 8월 6일로 봄이 한창일 때의 태양각과 같다. 또한, 가을 중반은 겨울 중반과 같은 태양각이다. 그래서 두 그림자도 사계절 중반쯤의 태양각으로 설명할 수 있다.

지구복사의 계산

거의 모든 자연 물체가 방사하는 지구복사의 양은 다음의 방정식으로 계산할 수 있다.

$$R = 5.67 \times 10^{-8} \times (T + 273)^4$$

다시 말해 물체가 방사하는 복사는 물체의 섭씨온도에 273을 더하여 캘빈온도에 4번을 제곱하고(실제 계산기를 사용), 상수값 0.0000000567이나 간단하게 기호로 5.67×10^{-8}로 나타낸다.

만약 이 공식을 사용하여, 이 책이 방출하는 복사량을 계산한다면(편안한 장소에서 이 책을 읽는다고 가정하여) $T = 20$℃이므로, 첫 번째 $(293)^4$ 혹은 7,370,050,801값을 얻을 것이다. 이 값에 상수값을 곱하여 평방미터당 417.9와트(Watt)를 얻을 수 있다. 따라서 이 책은 바로 지금 당신 쪽으로 약 420 W/m^2을 방출하고 있다.

이제 이 책과 당신 사이에 교환되는 복사량을 확인해보자. 만약 당신의 표면 온도가 약 25℃라면 당신이 책 쪽으로 방사하는 복사량은 평방미터당 약 447.1와트(Watt)이다. 차이값은 447.1 − 417.9 = 29.2 W/m^2이다. 이것은 그리 큰 복사량이 아니므로 결과적으로 당신은 이 손실을 느끼지 못한다.

만약 여러분이 차가운 창문 근처에 앉아 있을 때를 계산해보면 좀 더 큰 차이를 발견할 것이다. 만약 창문의 온도가 5℃라면 창문이 방출하는 에너지는 약 338.7 W/m^2이므로 창문에 대한 손실은 약 447.1 − 295.5 = 154.6 W/m^2이다. 만약 사람의 열 쾌적성에 대한 논의를 생각해 본다면 이런 에너지 양(약 110 W/m^2)은 아무 것도 하지 않고 서 있을 때(90 W/m^2)와 보통 빠르기로 걸을 때(250 W/m^2) 간의 차이이고, 이 차이가 크다는 것을 경험적으로 알 수 있다.

복사 자료

날씨와 기후 정보는 오랜 시간 동안 수집된다. 만약 어느 기상국의 인접지역에 관심이 있다면, 부지자료를 쉽게 확인할 수 있을 것이다. 따라서 우리가 관심 있는 복사특성은 대상부지와 조금 떨어진 곳에서 수집된 자료를 이용하여도 괜찮다. 복사는 기후계에 걸쳐 그 특성이 아주 비슷한 경향이 있기 때문이다. 고압계에서 태양의 복사량은 매우 일정하게 받는 경향이 있다. 심지어, 전선계의 태양 복사량 조차 꽤 대규모 지역의 복사량과 비슷하나 시간대만 다르다. 지역 기상대가 기록한 자료는 많은 지역경관에 적용할 수 있을 만큼 상세한 내용을 제공한다.

당신은 도서관에서 날씨기록을 찾거나 기상대에 자료를 요청할 수 있다. 기록들은 종종 매 시간별로 기록되어 있어 월별, 연별 자료가 30년 동안 기록되어 출판되기도 한다. 2장에서 설명한 바와 같이 조건적 기상자료를 요청할 수도 있다.

태양복사 자료

날씨 기록은 때론 매시간 마다 몇 가지 다른 기록으로 구성된다. 당신에게 가장 흥미 있는 자료는 지표와 평행하고 평탄한 표면이 받는 복사량 자료이다. 고온계(Pyranometer)를 이용하여 이러한 측정들이 자주 이루어진다. 몇 가지 복사 측정기구들이 사용되고 있으나 대부분 경관설계에서는 제한적으로 사용되고 있다.

당신이 필요로 하는 (시간별, 월별) 복사량에 대한 판단은 요청받은 문제나 해결하려는 문제에 달려있다. 9장에서 자세하게 논의될 것이다. 지금까지, 당신이 수집할 수 있는 여러 형태의 자료가 많이 있다는 것을 알았다. 일반적으로 여러분은 비교적 적은 양의 자료만을 이용할 것이므로 수집할 자료를 아주 신중히 선별해야 한다.

여러분이 수집한 가장 가치가 있는 정보는 지역의 일조정보나 바람의 특수상태일 것이다(Chinook과 같이, 겨울에 주기적으로 산 아래로 부는 따뜻한 바람). 지역기후의 일반적 특성을 기후자료로부터 수집할 수 있다.

지구복사 자료

여러분이 지구복사 자료로 기후상황을 확인할 때, 처음에는 약간 혼돈스럽다. 이러한 측정자료는 **하늘로부터 받는** 장파복사의 양을 측정한 것이지 경관 내의 물체가 받는 양을 측정한 것은 아니기 때문이다. 이런 측정값들은 조경설계에 있어 정확성이 다소 제한된다. 여러분은 경관 내의 물체가 방출하는 지구복사에 보다 많은 관심을 가져야 한다.

특별한 경우, 하늘에서의 지구복사 자료는 매우 중요하다. 예를 들어, 만약 당신이 추운저녁에 먼저 동결되는 서리포켓(frost pocket) 지역을 제거하려는 설계를 한다면, 하늘로부터 받아들여진 복사에너지의 양은 개방된 하늘을 대신할 수 있는 넓은 수관을 가진 수목을 배치하여 추가 복사를 어느 정도 많이 제공받을 수 있는지를 결정하는데 도움을 준다.

태양복사의 조절

개념

경관에서 복사를 조절하는데 사용할 수 있는 도구는 거의 무제한적이다. 경관의 모든 요소들은 어떤 식으로든 태양복사 조절에 관여한다. 모든 물체는 어느 정도는 복사를 **반사**·**흡수**하고 가능하면 **전도**한다. 3장에서 언급했듯이 흡수된 복사는 물의 온도를 높이고 지표수를 증발시키며 대류를 재발열 시킨다.

비록 모든 물체가 태양복사의 영향을 받지만, 어떤 물체들은 일반 물체보다 훨씬 많은 영향을 받는다.

■ **경관에서 태양복사에 가장 많은 영향을 받는 경관요소는 일반적으로 수림과 단단한 고체구조물이다.**

또 다른 중요한 쟁점 사안은 이러한 경관요소들의 위치와 방향에 관한 것이다.

■ **태양복사가 경관요소에 미치는 영향에는 2가지의 중요한 사안이 있다. 즉 1) 경관요소의 특성(규모, 전도력, 열보유력 등), 2) 경관요소의 위치와 방향이다.**

여러분이 이용할 수 있는 설계 도구는 몇 가지로 한정되어 있다. 즉, 1) 복사가 물체에 도달하기 전에 경로를 **차단**하는 계획을 할 수 있다. 2) 물체의 색과 재질을 바꿈으로써 복사를 어느 정도 **반사**시킬 수 있다. 3) 물체의 재질을 바꿈으로써 물체에 **흡수**되는 양을 변화시킬 수 있다. 계속해서, 3장에서 논의한 바와 같이 열을 수용하는 표면 수용력을 수정하거나, 어느 정도 물을 증발시키는 것 등으로 에너지를 분배하여 에너지 평형을 조절할 수 있다. 여기에서는 경관 내에서의 복사조절에 중점을 두자.

딱딱한 경관요소

단단한 경관요소(살아있는 식물을 제외한 모든 것)는 복사조절 도구로 유용하게 활용할 수 있는 몇 가지 특성을 가지고 있다.

■ **태양복사는 태양과 표면 사이에 놓인 물체에 의해 차단될 수 있다.**

만약 연구하고자 하는 표면이나 지역의 위치와 계획 시간대의 태양위치를 알고 있다면, 물체를 적절하게 배치할 수 있다.

■ **건물과 고형 구조물은 매우 적은 태양복사에너지를 지닌 그림자를 만든다. 이 복사는 단지 산란되고 반사된 복사이며, 그림자 안에 약간의 태양복사가 있으나 인간의 눈에는 완전히 검게 보일 것이다. 일반적으로 맑은 날의 복사량은 약 10%이다.**

경관의 물체들은 각 요소들 사이에서 일정하게 유지되고, 뚜렷한 알베도(태양복사를 반사하는 능력)를 가진다. 예를 들면, 낙엽수림의 알베도율은 단지 약 5~15% 범위이다. 이는 수림에 도달하는 태양복사에너지 중 5~15% 정도를 하늘로 반사하는 것을 의미한다. 각각의 경관요소들은 다른 알베도를 가진다. 방금 내린 눈이 95%, 내린지 오래된 눈이 40%인 알베도 범위를 가진다. <표 3.1>은 대표적인 경관요소의 알베도율이다. 알베도율이 높아지면 에너지 평형에 분산하여 이용할 수 있는 복사량도 적어진다. 어떤 경관요소들은 쉽게 예측 가능한 조절방법으로 미기후를 조절할 수 있는 고유한 특성을 가진다. 예를 들어, 광장에 사용가능한 두 가지 포장 재료로 검은색 아스팔트와 흰색 콘크리트를 비교할 수 있다.

■ **검은색 아스팔트는 흰색의 콘크리트보다 복사열을 더 많이 흡수하는데, 이는 알베도의 차이 때문이다.**

비가 오지 않는 따뜻하고 맑은 날이나 표면에 물이 없는 아스팔트는 콘크리트보다 상당히 뜨겁다. 이런 날 아침에 아스팔트 광장에 있는 사람들은 콘크리트 광장에 있는 사람보다 훨씬 적은 태양복사를 받는다. 아직까지 지표면의 온도차이가 크지 않으며 지구복사에너지는 서로 비슷하고 아침부터 사람에게 누적된 전체 복사에너지는 콘크리트 지역이 훨씬 높다. 태양복사량의 많은 유입으로 아스팔트가 뜨거워진 늦은 오후 아스팔트에서 사람이 받는 태양복사와 지구복사의 합은 콘크리트에서 사람이 받는 복사량과 비슷할 것이다. 콘크리트가 받은 태양복사는 아스팔트가 받은 복사보다 높을 것이지만, 콘크리트의 온도가 낮을수록 콘크리트가 받는 지구복사량은 더 낮아질 것이다. 해가 진 후에 아스팔트에서 사람이 받는 복사는 가능한 한 높게 올라가고 계속 높아질 것이며, 콘크리트 지역이 받는 복사량보다 높아진다.

이러한 결과를 분석하여 아스팔트 포장이 쾌적한 미기후를 제공하는 주간 시간대와 콘크리트가 최적의 미기후를 제공하는 또 다른 주간 시간대를 알 수 있다. 주간 시간대와 연중 계절, 활동 계획을 결정하는 것이 매우 중요하다는 것을 알 수 있다. 이와 같은 결정이 미기후 설계를 훨씬 쉽고 간단하게 만들어준다. 이 주제는 9장에서 더욱 상세히 논의할 것이다.

부드러운 경관요소

부드러운 경관요소(살아있는 식물)는 딱딱한 요소와는 다른 독특한 특성을 갖고 있어 복사를 조절하는 도구로 매우 유용하다. 경관에서 식물이 복사에 미치는 영향력을 살펴볼 때, 먼저 상황을 분석해야 하는데, 다음 요소를 결합하여 전반적 상황을 검토하는 것이다. 먼저 중위도 지역에서 이용될 수 있는 일반적인 두 종류의 수목을 고려해야 한다. 겨울에 잎이 지는 낙엽수와 겨울에 대부분의 잎을 유지하는 상록수이다. 이 법칙에도 예외는 있지만 일반적으로 이렇게 분류할 수 있다.

낙엽수를 생각해보면, 잎 뿐만 아니라 가지와 잔가지도 있다는 것을 기억해야 한다. 처음에는 중요하지 않게 보이지만 비록 잎이 태양으로부터의 복사를 통과시켜도 잔가지와 가지들이 막아낸다. 만약 나무가 오직 잎만으로 되어 있다면, 나무가 받는 태양복사의 1/4을 통과시켜 지표면 아래까지 열을 이용할 수 있을 것이다.

잎이 없는 나무들도 생각해보자. 사실상 잎이 없어도 여전히 그림자가 있는 것은 가지와 잔가지, 줄기가 태양복사를 차단하고 있다는 것을 의미한다. 이러한 차단은 잔가지, 가지의 밀도와 다양한 수종에 의해 좌우된다. 따라서 몇 가지를 일반화 시킬 수 있다.

- **낙엽수는 잎이 있을 때 차단율이 높고, 잎이 없을 때는 차단율이 낮다.**

- **수목들은 수관을 통해 투과시켜 태양복사를 허용한다.**

- **수종에 따라 수목들은 연중 시간대에 따라 다른 비율로 복사에너지를 차단한다.**

어떤 수종들은 여름에 큰 그늘을 제공하여 많은 복사량을 차단하고, 어떤 수종은 잎이 다 떨어진 겨울에도 소량의 복사를 차단한다(표 6.1).

태양복사는 실제적으로 경관내의 모든 물체에 영향을 크게 미친다. 낙엽수는 더운 여름에 잎으로 복사를 차단하여 복사량을 감소시킨다. 이들 수목은 보통 겨울에 잎이 떨어지므로 온도가 낮은 시기에 아주 많은 복사를 얻을 수 있게 한다. 그러므로 그들은 매우 가치 있는 경관요소이다. 그러나 잎이 있는 시기와 잎이 없는 시기에 복사에 미치는 영향의 차이라는 것은 0%와 100%의 차이가 아니다. 잎은 태양복사열의 상당한 양(눈에 보이지 않는 적외선)을 통과시키고, 겨울에는 실제로 잔가지와 줄기가 복사량을 차단한다. 수목은 다양한 특성이 있지만, 여름에는 1/4의 복사를 겨울에는 3/4의 복사를 적용한다는 것이다. 이것은 매우 큰 차이기는 하나 직관으로 느끼는 것만큼 크게 작용되지는 않는다.

표 6.1
일반적으로 조경에 사용되는 수목 특성.
대부분의 수목의 값을 목록화 하여 생육조건, 기후대 등으로 수종을 분류한다. 전도성 값의 범위는 수목의 전도성을 조사한 여러 연산자들과 사용된 도구에도 영향을 받는다. 단지, 이상적으로 태양복사의 전도성 값만 나타내었다. 조사된 범위의 중간 값을 사용하라. 개엽, 낙엽시기와 최대 높이(수고)는 지역에 따라 다양하다.

학 명	영명 (수목명)	전도성 범위% (문헌자료)		개엽 시기	낙엽 시기	최대 수고
		여름	겨울			
Acer platanoides	Norway Maple (노르웨이 단풍)	5~14	60~70	E	M	15~25
Acer rubrum	Red Maple (홍단풍)	8~22	63~82	M	E	20~35
Acer saccharinum	Sliver Maple (은단풍)	10~28	60~87	M	M	20~35
Acer saccharum	Sugar Maple (설탕단풍)	16~27	60~80	M	E	20~35
Aesculus hippocatanum	Horse Chestnut (칠엽수)	8~27	73	M	L	22~30
Amelachier canadensis	Serviceberry (채진목)	20~25	57	L	M	
Betula pendula	European Birch (자작나무)	14~24	48~88	M	M~L	15~30
Carya ovata	Shagbark Hickory (히코리)	15~28	66			24~30
Catalpa speciosa	Western Catalpa (멀구슬나무)	24~30	52~83	L		18~30
Fagus sylvatica	European Beech (너도밤나무)	7~15	83	L	L	18~30
Fraxinus pennsylvanica	Green Ash (물푸레나무)	10~29	70~71	M-L	M	18~25
Gleditsia tricanthos Inermis	Honey Locust (주엽나무)	25~50	50~85	M	E	20~30
Juglans nigra	Black Walnut (가래나무)	9	55~72	L	E~M	23~45
Liriodendron tulipifera	Tulip Tree (튤립나무)	10	69~78	M-L	M	27~45
Picea pungens	Colorado Spruce (콜로라도가문비)	13~28	13~28			27~41
Pinus strobus	Whilte Pine (스트로부 잣나무)	25~30	25~30	L		24~45
Platanus acerifolia	London Plane Tree (런던버즘)	11~17	46~64	E	M~L	30~35
Populus deltoides	Cottonwood (미류나무)	10~20	68	E	M	23~30
Populus tremuloides	Trembling Aspen (사시나무)	20~33			M	12~15
Quercus alba	White Oak (흰떡갈나무)	13~38				24~30
Quercus rubra	Red Oak (붉은 떡갈나무)	12~23	70~81		M	23~30
Tilia cordata	Littleleaf Linden (보리수)	7~22	46~70	L	E	18~21
Ulmus americana	American Elm (미국느릅나무)	13	63~89	M	M	18~24

개엽 : E = Early = 4월 30일 전　　M = Middle = 5월 1~15일
L = Late = 5월 15일 이후
낙엽 : E = Early = 11월 1일 전　　M = Middle = 11월 1~30일
L = Late = 11월 30일 이후

■ 수목의 특성 중 몇 가지는 조절할 수 없으나, 설계에 중요한 자료로 이용할 수 있다. 예를 들어, 수목의 전도성은 종에 따라 다양하다. 각 수목의 전도성을 쉽게 변화시킬 수 없으나(보통 가지치기를 제외하고), 전도성 값을 앎으로써 주어진 여건에 짙거나 옅은 그늘을 갖는 수목을 선택하여 조절할 수 있는 기회를 가질 수 있다.

■ 조경수목은 태양복사에 영향을 주는 특성이 있다.

1. 각각의 잎들은 복사(약 20%)를 전도하고, 흡수하며(약 50%), 반사하기도(약 30%) 한다.
2. 봄의 개엽시기와 가을의 낙엽시기
3. 수목의 최대높이
4. 나머지 계절에 수관의 전도성(잎, 잔가지, 줄기, 수명 그리고 크기의 조합)

<표 6.1>은 이러한 특성을 요약한 것이다. 당신이 바라는 미기후 조건은 가장 알맞은 수종(교목, 관목, 덩굴, 지피식물 등)을 선정하는 것이 중요하다.

■ 수목의 개엽시기와 낙엽시기는 경관에서 복사를 조절할 수목의 가치를 결정하는 중요한 사항이다.

지구복사의 조절

개념적 접근

지구복사는 흰색의 아스팔트에서 지구복사를 비교적 적게 흡수하고 상당량을 반사시켜 미기후에 큰 영향을 미치는 반면, 검은색 아스팔트는 매우 효율적으로 태양복사를 흡수한다. 해가 질 무렵 아스팔트는 매우 뜨겁고, 많은 열을 보유하고 있다. 반면 콘크리트는 아주 차가울 것이다. 저녁시간 동안 아스팔트는 온도작용과 같이 지구 복사를 방출할 것이므로 차가운 콘크리트보다 많은 양의 복사를 방출한다.

추운 저녁시간 야외에 앉아 있는 사람은 복사의 활용에 따라 춥거나 쾌적함의 차이를 느낄 수 있을 것이다.

■ 경관요소는 태양복사를 흡수, 보유하고 지구복사를 방출하는 작용으로 미기후 내의 지구복사에 영향을 준다.

모든 자연요소들은 자신들의 온도변화와 비슷한 비율로 지구복사를 방출한다. 이는 같은 온도를 가진 두 가지 재료의 물체가 있다면, 물체들이 방사하는 지구복사의 양은 같다는 것을 의미한다. 드물지만 경관의 주요 구성요소로 몇 가지 특이한 예외가 있다. 바로 알루미늄과 금이다. 둘 다 아주 낮은 비율로 복사를 방출하여 특수한 상황에 아주 효과적으로 사용될 수 있다. 예를 들어, 금을 아주 얇게 피복한 외부 창문은 매우 낮은 비율로 복사를 방출한다. 이는 건물난방에 필요한 에너지의 양을 효과적으로 감소시키고, 창문을 통해 사람들을 볼 수 있는 동시에 건물소유자의 이미지도 향상시킨다.

■ 장파복사는 육안으로는 볼 수 없으나 미기후의 중요한 요소이다. 특히, 봄과 가을의 맑은 밤에 중요하다. 지구는 많은 양의 장파복사를 방출하는 반면, 맑은 하늘은 훨씬 적게 방출한다. 이러한 불균형은 현저하게 지표를 냉각시켜 서리가 내릴 수도 있다. 그러나 만약 지표와 맑은 하늘 사이에 수목의 수관이 드리워진다면, 수목은 하늘이 방출하는 것보다 훨씬 많은 복사를 지표에 방출하므로 때론 서리가 오지 않을 수도 있다.

복사조절사례

새로운 정보는 실제상황에서 어느 정도 사용될 수 있는지를 알아야 비로소 이해된다. 여기서 복사가 어느 정도 효과적으로 조절될 수 있는가를 보여주기 위해 여러 계절에 따른 다양한 상황을 예로 들었다.

여름철의 파티오

특별한 조건을 고려해 보자. 중위도 지역의 도시에 있는 카페의 파티오는 한여름 점심시간 동안 주로 이용될 것이다. 먼저, 복사를 조절하는 것이 급선무임을 기억하자. 두 번째는 바람조절이다.

사실상 파티오에 복사를 조절하는 방법은 많다. 파티오에 복사가 도달하기 전에 차단하는 것이 첫 번째 방법이다. 이는 지붕과 같은 고형구조물을 사용하여 직사광선의 100%를 차단하거나, 주엽나무와 같은 유공성이 많은 수목으로 옅은 그림자를 만들 수도 있다. 일단 태양복사가 파티오에 도달하면 다른 물질에 반사되거나 흡수될 수 있다. 왜냐하면 인간의 열 쾌적성은 정오시간에 가장 관심이 있기 때문에 태양복사를 흡수하고 보유할 수 있는 어두운 색의 표면으로 결정하여 사람들에게 반사되는 태양복사열을 최소화하기 때문이다. 또한, 파티오와 바로 인접한 지역에서 파티오로 유입되는 태양복사의 반사를 조절한다.

고객들이 받는 지구복사의 조절은 사람들 근처의 표면을 가능한 한 시원하게 하여 성취할 수 있다. 그늘진 표면은 건조한 표면보다 지구복사를 적게 방출할 것이다. 벽에 물을 흐르게 하여 이와 같은 효과를 얻을 수 있으며, 습기가 있는 벽돌로 포장할 수 있다.

미기후 원리와 에너지평형을 이용하여, 정오에 파티오를 시원하게 조절할 수 있는 여러 가지 방법이 있으며, 기존 설계안을 변경하지 않는 상태에서 효과적인 방법들을 이끌어 낼 수 있다.

대학 광장

대학캠퍼스 광장에서 외부환경의 복사조절을 통해 쾌적한 환경으로 조성할 수 있다. 캠퍼스는 대략 5월에서 9월, 가을과 겨울학기동안 가장 북적거린다. 이 기간 동안 캠퍼스 광장에 있는 사람들의 열 쾌적성을 높이기 위해서는 바람을 조절해야 한다. 그러나 잠시 동안 바람을 빗겨가게 하면 광장의 복사를 어느 정도나 최대화 할 수 있을까?

첫째, 남향으로 광장을 배치하여 가능한 한 태양복사를 막지 않는다. 여기에는 다양한 방법들이 있는데, 예를 들면 (1) 그늘을 만드는 수목이나 건물을 없애거나(태양각과 그림자 다이아그램 검토), (2) 초가을에 잎이 떨어지고 늦봄에 새 잎이 자라는 낙엽수를 심는 것이다.

둘째, 광장으로 들어오는 태양복사는 어떤 것이든 간에 남쪽으로 경사를 최대화하고 사람들에게 태양복사를 반사시켜 복사에너지 유입을 최대화 한다. 따라서 광장주변은 밝은색 포장이 적절하다.

셋째, 경관요소가 흡수하는 에너지가 어떤 것이든지 간에 표면을 건조하게 하여 대부분의 지구복사를 방출하도록 한다. 따라서 적은 에너지만이 증발에 사용될 것이다.

마지막으로, 저녁의 미기후를 보강하기 위해 낮에 태양복사를 흡수하고 저녁에 지구복사를 방출하는 어두운 색깔의 벽이나 딱딱한 표면으로 설계한다.

사람이 흡수하는 복사계산식

앞 4장에서 우리는 주제공원 내 휴식과 야외 식사공간을 위한 열적 쾌적성 수준을 알아보았다. 당시 측정한 R_{abs}값은 사람이 흡수한 복사로, 부록 A의 모델을 사용했다. 여기에서는 R_{abs}에 대한 경관요소의 영향과 사람들의 열 쾌적성을 계량적으로 증명하기 위해 이 모델을 세부적으로 살펴볼 것이다.

우리는 따뜻하고 화창한 여름철 다양한 수목의 효과에 대해 먼저 조사한다. 기온은 25℃이고, 상대습도 75%, 기상대가 10 m 높이에서 측정한 풍속 5 m/s, 태양복사 1000 W/m^2이고, 태양 고도각은 35°이다. 우리는 실험대상자에게 'C'의 조건으로 의복을 입혀 세워놓는다(M = 90). COMFA평형(부록 A 프로그램을 이용하여)은 137 W/m^2이다. 이 상황에서 사람은 덥다고 느낀다.

우리는 먼저 옅은 그늘이 있는 나무 아래로 실험대상자를 이동시키면 전체 태양복사의 50%가 감소할 것이다. 이는 49 W/m^2의 평형으로 나타나 더움과 쾌적성 사이의 값이다. 대신에 태양광선의 20%를 차단하는 짙은 그늘의 수목 아래로 사람을 이동시키면 평형은 4 W/m^2로 매우 쾌적한 상태가 된다.

또한, 더운 기간 동안 사람들을 시원하게 해주는 지구복사의 손실효과를 살펴 볼 수 있다. 에너지평형이 235 W/m^2인 매우 불쾌하고 더운 조건을 만들기 위해 바람속도를 2 m/s로 낮추어 보자. 먼저, 에너지 평형이 23 W/m^2가 되는 건물의 그늘과 사람들을 이동시킨다. 만약 지금 젖은 벽 근처로 사람을 이동시킨다면 벽으로의 지구복사 손실은 3 W/m^2의 평형이 되고, 만일 벽과 유사하게 지표를 젖게 하여 냉각시키면 평형은 −19 W/m^2까지 내려가므로 더운 날에 훨씬 더 쾌적한 미기후가 될 것이다.

태양이 비치지 않는 야간에 복사조절이 어느 정도의 효과를 나타낼 지를 논의해보자. 앞의 예와 같은 상황에 있는 사람을 생각할 것이나, 지금 태양은 지고 기온은 20℃로 내려갔다. 완전히 개방된 경관에서 사람의 에너지 평형은 −70 W/m^2가 되어 추운 상태이다.

우리는 열 쾌적성에 미치는 효과를 살펴보기 위해 다양한 경관을 처리하여 실험할 수 있다. 먼저, 수목을 추가하여 수목 아래 사람이 있게 한다. 이는 수목이 맑은 저녁 하늘보다 더 많은 복사를 방사하기 때문에 사람이 받는 지구복사의 양을 증가시킬 것이다. 현재 에너지 평형은 −45 W/m^2이므로 확실히 개선되어 쾌적한 상태로 되었다.

수목 대신 지표면이 아스팔트라면 태양이 비치는 동안 온도가 상승하여 저녁에는 복사를 방출할 것이다. 만약, 이 아스팔트의 온도가 30℃라면 평형은 $-47\ W/m^2$로 수목과 거의 같은 효과를 갖는 것을 알 수 있다.

만약 두 요소를 결합한다면 평형은 $-22\ W/m^2$로 매우 쾌적한 상태가 된다.

지구복사를 방출하는 또 다른 요소를 추가해보자. 따뜻한 아스팔트, 벽, 수목은 처음의 개방된 경관의 $-70\ W/m^2$보다 훨씬 더운 상태인 $+17\ W/m^2$의 평형을 산출할 것이다.

요약

사실상 경관의 모든 부분이 복사를 조절하고, 결과적으로 사람의 열 쾌적성과 건물의 에너지 이용에 영향을 준다.

■ **설계 문제를 해결하는 좋은 방법들이 많이 존재한다. 복사의 원리를 이해함으로써 여러분은 경관에서 복사의 장점을 최대화할 수 있는 독특한 설계 해결책을 강구할 수 있다.**

생각해볼 것

1. 1장의 1번 문항에서 고려한 앞 마당공간으로 다시 돌아가 보자. 여러분들은 배치에 있어 이러한 많은 해결방안을 가지고, 어떻게 한여름 더운 점심시간에 쾌적한 식사공간을 만들 수 있겠는가? 당신이 단기적이고 즉각적인 효과와 장기적인 효과를 위해 할 수 있는 것은?
2. A씨 부부는 1장 5번 문항의 해답으로 제안했던 데크가 완성되어 그곳으로 가서 여름에는 앉아 있기가 너무 더우나 다른 계절에는 아주 좋다고 말한다. 당신이 경관을 개선하기 위해 제안할 내용은?
3. 교육위원회(5장 2번 문항)는 당신의 제안에 따라 실행하였고, 지금 모든 학교건물들에서 에너지를 보존하고자 한다. 당신은 복사조절이라는 방법을 통해 제안할 내용은? 당신은 모든 학교에 적용하도록 교육공무원들에게 일반 지침을 제안할 수 있는가? 5장에서 제시한 제안과는 다른가?
4. 개발업자(5장 3번)는 당신의 제안에 따라 토지를 분할하여 배치했다. 지금 개별주택에서 복사를 조절하기를 바란다. 당신이 제안할 내용은?
5. 시 위원회(5장 4번)는 당신의 제안을 법으로 규정했다. 당신은 지금 법적으로 제안된 복사조절을 성취하는 방법으로써 도시의 주택소유주에게 어떤 세부지침을 제시할 수 있는가? 이 규정이 만들어지면 어느 정도의 효과를 가진다고 생각하는가?

7장 바람조절

바람은 경관요소로 조작할 수 있는
중요한 미기후 중 하나이고
인간에게 쾌적한 온도, 건물의 에너지 사용,
경관 내의 물체에 많은 영향을 준다.
이는 미기후를 고려한 조경설계에 매우 중요한 사항이다.

도입

바람은 경관에서 중요한 미기후 요소 중의 하나이다. 바람은 경관에서 발생하는 온도와 습도의 차이를 효과적으로 섞어 놓는다. 이는 사람이나 건물로부터 열을 빼앗아 에너지 평형에 영향을 크게 미치며, 경관요소의 설계조작으로 조절될 수 있다. 이런 중요성에도 불구하고 바람은 시각으로 확인하기도 매우 어렵고 통제하기는 더욱 어려운, 파악하기 힘든 요소이다. 여기서는 바람의 움직임을 시각적으로 나타내어 경관에서 어떻게 움직이는가를 이해하고자 한다. 이후에 바람의 속도와 방향, 이동을 조작하는 도구에 관하여 논의할 것이다.

바람의 특성

■ **바람은 공기의 움직임이다. 공기는 압력 차이로 움직인다. 단순하게 고기압지역에서 저기압지역으로 움직인다.**

2장에서 논의한 것처럼, 바람은 단순히 대기층에서 압력차에 따라 공기분자가 이동하는 것이다. 설명하자면, 풍선을 부풀릴 때 공기분자는 높은 압력을 갖게 된다. 당신이 풍선의 끝을 잡고 느슨하게 풀어 준다면 풍선 속 공기는 빠져나가 높은 압력에서 낮은 압력으로 옮겨가게 된다. 이와 같은 구조로 바람이 생겨나고 경관에서 바람을 일으킨다.

그러나 공기가 낮은 기압쪽으로 움직이는 동안, 실제로 대기의 온도 차이는 많은 기압 차이를 만들어 낸다. 이것이 바람을 끊임없이 불게 하고, 적어도 항상 바람이 불고 있다는 사실은 압력차를 모두 고르게 하기란 불가능하다는 것을 암시해 준다. 바람은 항상 불고 있으며, 바람을 일으키는 구조에 영향을 줄 수 없다는 사실을 알아야 한다. 주풍향을 조절하는 대신에 에너지에 중점을 두어야 한다.

바람을 볼 수 있나?

바람은 거의 전부가 기체로 되어 있기 때문에 일반적으로 볼 수 없다. 그러나 눈이나 먼지와 같은 시각물질이 날리는 모습을 통해 알 수 있다. 이 때 우리는 바람이 이동하는 모습을 볼 수 있다. 기회가 있을 때마다 경관주변의 물질이 이동하는 모습을 볼 수 있다. 이것이 바람의 움직임을 알 수 있도록 해준다.

■ 눈이나 먼지가 바람으로 운반될 때 보고 배워라.

이것이 바람이 어떻게 흐르고 어떤 작용을 하는지 머릿속에서 상상할 수 있도록 도와준다. 어떤 사람들은 하천의 물 흐름에서 유추하기도 한다. 경관에서의 장애물은 하천의 돌과 같은 것으로 비유된다. 물은 장애물 주위로 흐르고, 장애물 뒤쪽의 물을 교란시킨다. 공기는 유체여서 마치 물이 하천에서 흐르는 것처럼 이동한다. 이 둘의 차이는 물은 좀 더 큰 질량을 가졌고 중력으로 대지 근처에 꽤 단단하게 고정된다. 물은 주로 2차원으로 이동(수직운동이 제한된 앞과 뒤, 그리고 아래로)하고, 공기는 좀 더 가벼워 3차원으로 주위에 균질하게 산재해 있다. 이 차이에도 불구하고 공기는 물과 같은 방식으로 경관과 물체 주위를 이동한다.

당신이 바람을 '볼' 수 있는 다른 방법은 다이아그램(그림 7.1 a 참조), 그래프, 차트나 눈으로 보는 대신에 마음으로 보는 것이다. 방법이 무엇이건 간에 바람이 어떻게 움직이는 지를 항상 생각해야 하고, 새로운 사실을 알 때마다 사고를 새롭게 해야 한다.

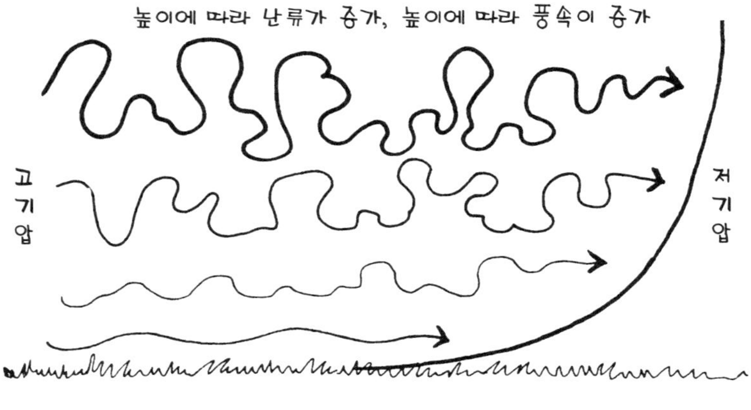

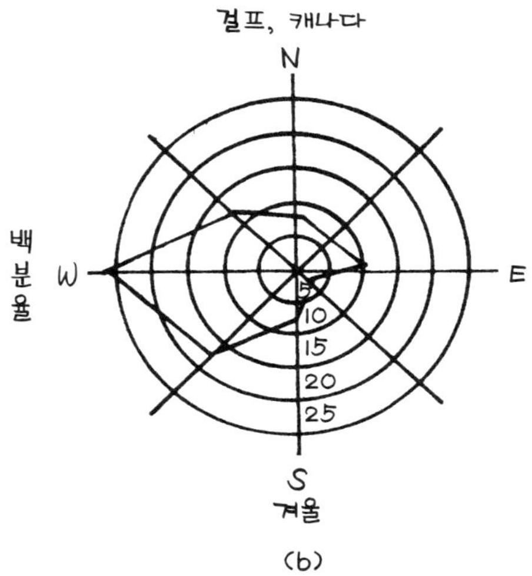

그림 7.1
(a) 경관 속을 통과하는 공기의 흐름은 대지표면 가까이에서 보다 느리게 이동하는 경향이 있으며, 높이에 따라 속도가 증가한다. 이는 선적 관계가 아니라 어느 정도 대수적 경향을 갖는 것으로, 바람속도는 지표근처에서 아주 빨라짐을 뜻하며, 바람이 지표와 가까운 거리에 있으면 높이에 따라 크게 증가하지 않는다. 공기교란의 정도도 대지 위쪽의 높이에 따라 증가하는 경향이 있다(Lowery, 1988).
(b) 풍배도는 각 방향에서 불어오는 바람을 계절별로 나타낸 것이다. 이 경우 주풍은 서풍이다.

바람이 불 때, 공기의 흐름은 일정치 않다. 사실상, 항상 공기의 흐름엔 난류가 있다. 이는 전형적인 유체이고 직선으로 흐르지 않는다. 예를 들어, 수계를 보면 흐르는 물은 수로를 앞뒤로 구불구불하게 한다. 심지어 수로를 인공적으로 직선화하더라도 수로는 이내 구불구불한 형태로 돌아간다. 난류는 바람의 냉각시키는 힘을 증가시킨다. 난류가 많으면 많을수록 몸에서 열을 빼앗는 능력이 커진다.

난류는 바람의 속도(빠를수록 난류가 크다)와 지표면의 거친 상태(표면이 울퉁불퉁 할수록 바람의 난류도 증가한다)에 의해 생겨난다.

바람의 방향은 지속적으로 매우 빠르게 변해서 바람의 정확한 방향은 알 수 없다. 그러나 2장과 3장에서 언급한 바와 같이, 바람은 어떤 분명한 패턴을 가지고 있다. 속도와 방향 모두가 매우 가변적이다. 우리가 바람의 특정 속도와 방향에 관한 기상예보를 들었을 때, 바람이 꽤 일관성이 있다고 생각할 것이다. 기상예보가 바람이 북동쪽에서 10 km/hr로 분다고 할지라도, 바람은 짧은 시간 동안 동쪽에서 북쪽으로, 잠잠한 상태에서 25 km/hr로 다양하게 불지도 모른다. 경관을 분석하고 설계할 때, 항상 바람의 특성을 염두에 두고 있는 것이 중요하다.

바람의 방향과 속도는 종종 일별, 계절별에 따라 다르다. 바람은 일반적으로 오후에는 강하게 불고 이른 아침에는 약하게 분다. 바람의 주방향은 각 방향에서 불어오는 바람을 시간별 그래픽으로 표현한 다이아그램인 풍배도로 설명하거나(그림 7.1 b 참조), 다른 그래픽 기법을 이용할 수 있다. 이는 때로 계절별 바람의 추세를 나타낼 수도 있다. 예를 들어, 북쪽 지방은 겨울에 보통 북쪽으로부터 바람이 부는 경향이 있지만, 다른 계절에도 북풍이 불기도 한다. 이러한 정보는 겨울에 방풍림의 위치를 결정하는데 유용한 자료이다. 일반적으로 모든 상황에서 바람을 제어할 수 있는 설계를 할 수 없지만, 주요시간대를 위한 설계는 가능하다.

공기입자가 매우 짧은 시간 동안 당신 피부에 빠르게 접촉하며 지나가는 바람을 '느낄' 수 있다. 이 접촉으로 바람은 피부의 습기와 약간의 에너지를 서로 교환한다. 공기가 피부보다 건조하다면, 물은 피부에서 증발해 공기 속으로 들어갈 것이다. 물을 증발시키는데 사용된 열이 피부로부터 가져온 것이라면, 당신은 시원하다고 느낄 것이다. 공기온도가 당신 피부온도보다 낮다면(대개 외부공간에서) 열은 공기로 이동해 피부는 더 시원함을 느낄 것이다.

그림 7.2
이 다이아그램은 바람을 차단하기 위해 연속되고 관통할 수 있는 장애물의 형태로 일렬 밀식된 삼나무를 설명한 것이다. 바람이 방풍림에 부딪칠 때, 바람의 속도는 예측 가능한 패턴을 갖는다. 방풍림 위쪽과 양끝 쪽의 바람속도는 증가하고 방풍림으로 보호되는 지역의 속도는 감소한다.

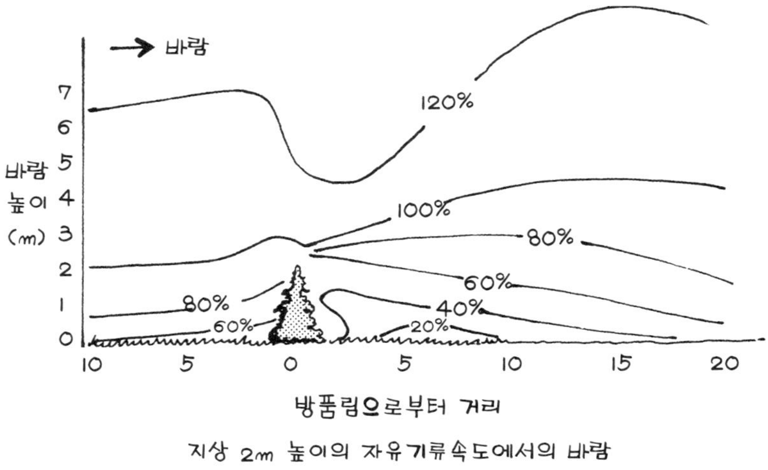

바람은 사람의 열 쾌적성에 큰 영향을 미친다. 이 중요한 영향은 몇 가지 요소에 의해 좌우된다. 즉 바람의 속도, 사람($T_{사람}$)과 바람($T_{공기}$) 사이의 온도(T)차, 그리고 의복의 절연특성에 의해 좌우된다. 이 상황을 간단한 식으로 나타낼 수 있다.

$$대류 = \frac{(T_{사람} - T_{공기}) \times 바람속도}{의복의\ 절연특성}$$

이 방정식은 몇 개의 구성요소에 부가되는 힘과 상수값이 필요하기 때문에 아주 정확하지는 않지만, 바람속도가 증가할 때 대류냉각의 양도 증가하고, 사람과 대기간의 온도차를 증가시킨다. 이는 또한 의복의 절연력이 증가할 때 대류냉각도 감소함을 보여준다.

■ **흥미롭게도 두 가지 중요한 미기후 요소는 눈으로 볼 수 없다. 실제로 경관에서 복사에너지와 바람은 태양광선 아래에서만 볼 수 있다. 따라서, 미기후 설계에서 이 '비가시적' 요소는 눈에 보이지 않지만 반드시 고려되어야 한다.**

설계를 위해 바람을 시각화 하지만, 바람 그 자체를 도면화 할 수는 없다. 경관에서 일정 시점에 따른 바람을 지도화하거나 경관에서 주어진 한 지점의 시간변화에 따라 바람을 지도화 할 수 있다. 그러나 전체 경관에 대해 시간변화에 따라 바람을 도면화 할 수는 없다. 그러므로 가장 좋은 방법은 (1) 시간변화에 따른 바람의 일반적 특성을 판단하고, (2) 바람속도나 방향에 영향을 미치는 경관요소를 지도화 하는 것이다.

이런 결과를 일반 상황과 목표에 적용할 수 있다.

바람 자료

모든 나라에서 기상대가 일별 바람의 속도, 방향을 측정하여 기록해 둔다. 여러분은 지역도서관에서 지상 10 m에서 측정한 바람 속도와 방향에 관한 기록을 쉽게 찾을 수 있다. 연중 기록과 '통상' 30년 간격의 요약본도 있다. 경관설계에 중요한 두 가지의 자료는 지역의 일반적 특성과 설계할 곳의 일, 연별 바람에 관한 자료이다. 이는 9장에서 상세하게 논의하기로 한다.

경관요소의 바람조절 특성

경관에서 대부분의 물체는 바람의 영향을 받는데, 어떤 물체는 바람의 속도를 감소시켜 방향을 바꾸어주고, 어떤 물체는 증가시킨다. 바람은 또한 물체의 상대적 위치와 절대적 위치에 의해 영향을 받는다. 복사에너지는 방정식으로 적절하게 나타낼 수 있지만, 바람은 이 방식으로 정확하게 나타낼 수 없다.

경관에서 공기의 운동을 시각화 해보자. 우선, 평평한 대지와 공기흐름과 직각을 이루는 한 줄의 삼나무가 식재된 단순한 경관을 생각해보자(그림 7.2). 공기는 경관을 통과하는 경로를 만들고 이때 삼나무 수벽에 부딪히게 되지만, 뒤에 따라오는 더 많은 공기 때문에 이동하지 않을 수 없게 된다. 몇몇 입자는 위쪽으로 힘을 받아 방풍림을 넘어 가버리고, 몇몇은 나뭇가지와 잎 사이에, 또 다른 입자는 방풍림 양끝 쪽을 돌아간다. 이 모식도는 (바람이 처음 부딪치는) 맞바람 지역에서 방풍림에 의해 차단된 분자들이 쌓이고 있는 것을 보여준다. 뒷부분에 형성된 압력층은 방풍림 뒤에서 일반 공기흐름보다 풍속이 낮은 작은 공기덩어리를 형성시킨다. 공기가 방풍림 가장자리로 가게 되면 공기분자의 속도가 빨라진다. 즉, 바람속도가 빨라진다. 방풍림 아래에 부는 바람은 주어진 시간에 더 적은 분자가 통과한다. 이는 상대적으로 바람의 속도를 낮추는데, 즉 자유흐름보다 속도가 낮고 방풍림 상부와 가장자리보다 속도가 느리다(그림 7.2). 이제 같은 경관에서 방풍림 대신에 바람이 불어오는 방향과 직각을 이루는 투과되지 않는 단단한 벽을 가정하자(그림 7.3). 바람이 부는 패턴은 나무나 벽이나 비슷하지만, 그 지역의 크기와 난류의 양은 다르다.

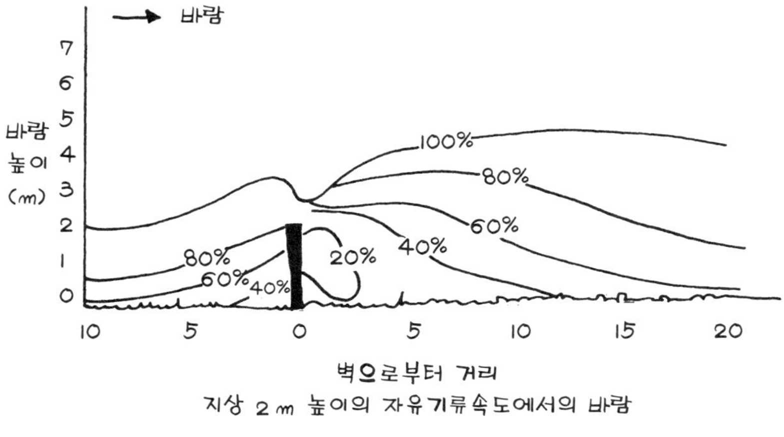

그림 7.3
벽과 같이 장애물이 딱딱해서 관통할 수 없다면, 일반적인 바람속도의 패턴은 비교적 좁은 지역에서 바람속도를 감소시킨다. 이 감소는 매우 중요한 의미를 갖는다.

이 모든 정보를 하나의 다이아그램으로 요약하였다(그림 7.4). 이 그래프는 바람이 감소하는 정도의 차이와 다양한 투과성을 갖는 방풍림에서 바람이 감소하는 지역을 설명해주고 있다.

그림 7.4
이 다이아그램은 다양한 투과성을 가진 방풍림 뒤쪽의 바람감소를 설명한다. 투과할 수 없는 단단한 장애물은 바람속도를 아주 많이 감소시키지만, 좁은 지역에 국한된다. 좀 더 투과성이 있는 방풍림은 풍속이 낮아지는 정도는 적지만, 넓은 지역에서 바람을 감소시킬 수 있다.

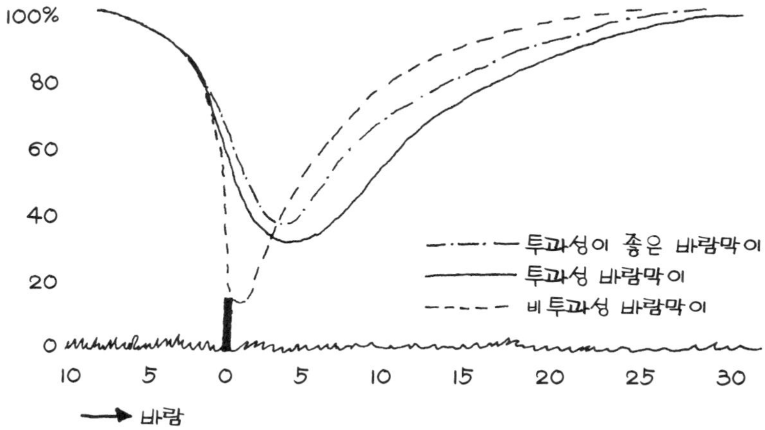

■ 바람은 경관요소로 확실하게 조절할 수 있다. 그러나 복사에너지의 영향과는 다르게, 바람에 대한 경관요소의 영향은 명확하게 판단할 수 없다. 우리는 추측, 이론과 관찰에 근거하여 어떻게 경관에서 바람을 조절할 수 있는지를 제안한다.

■ 경관요소는 다양한 방법으로 바람에 영향을 준다. 바람에 영향을 주는 물체의 몇 가지 특성은 크기, 위치, 방위, 유공성, 근접성이다. 이들 중 몇몇은 변화시킬 수 없지만 이 요소들은 우리가 통제해야 할 대상이다. 우리는 적절한 장소에 적합한 물체를 간단하게 위치시킬 수 있다.

방풍림은 바람의 상승기류에 영향을 준다. 방풍림의 크기, 위치, 유공성이 가장 중요한 특성이다.

다이아그램은 방풍림의 영향을 이해하는데 도움을 줄 수 있지만, 일반적으로 설계에 유용하게 활용할 수 있는 바람과 방풍림과의 관계성이 있다.

■ **방풍림이 치밀할수록(유공성이 적을수록) 바람의 속도에 크게 영향을 미치지만, 기류에 영향을 미치는 지역은 작아진다. 반대로, 방풍림이 엉성할수록(유공성이 클수록) 바람속도에 미치는 영향은 줄어드나, 보다 넓은 지역에 영향을 미친다.**

때로는 방풍림이 영향을 미치는 지역과 실제로 줄어든 바람의 속도를 적당하게 만드는 것이 목적이 된다. 즉, 방풍림을 설계하려면 꽤 넓은 지역의 바람속도를 감소시켜야 한다. 그러나 특수한 경우에 당신은 매우 소규모의 바람이 잔잔한 지역 또는 그 보다 바람속도는 조금 느리고 넓은 지역을 만드는 것이 필요할 지도 모른다. 그와 같은 경우에 이용할 수 있는 도구가 있다.

■ **당신이 바람 한 점 없는 작은 지역을 만들려다 여분의 난류를 초래하여 효과를 감소시킬 수 도 있다. 즉, 바람이 있을 때 바람 한 점 없는 옥외지역을 만드는 것은 쉽지 않다.**

■ **지형은 바람의 방향을 바꾸고, 바람속도를 감소 또는 증가시킬 수 있다(그림 7.5). 그러나 지형만으로는 바람의 속도에 큰 영향을 주지는 못한다. 수목이나 관목과 같은 여러 요소를 결합시킨 식생은 이러한 지형의 영향을 강화한다.**

그림 7.5
대규모 지형이더라도 바람의 속도와 방향에 비교적 작은 영향을 준다. 바람이 불어오는 언덕, 특히 언덕 위쪽 근처는 바람의 속도가 증가한다. 바람을 받지 않는 후미진 언덕지역은 바람의 속도가 감소할 것이다.

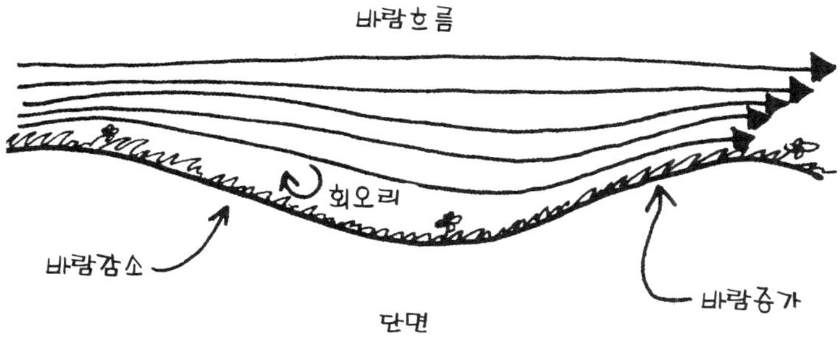

■ **수목은 경관 내 바람의 흐름에 큰 영향을 미친다. 이는 바람의 방향과 속도 모두에 영향을 준다. 일반적으로 큰 식물이고 조밀할수록 영향이 크다. 낙엽성 식물은 여름에 큰 효과를 주지만 겨울엔 효과가 별로 없다. 상록수는 다른 계절의 바람 흐름에도 영향을 주지만 특히, 겨울철 바람조절에 아주 유용하다. 바람의 조절은 다른 계절보다 겨울에 매우 중요하다.**

수목

수목은 바람의 속도와 방향을 조절하는데 가장 효과적인 경관요소이다. 이 효과를 완벽하게 예측할 수는 없지만, 몇몇 일반적 상황은 설명될 수 있다. <그림 7.6>은 독립수와 군식한 수목의 영향을 나타낸 것이다. 2차원의 다이아그램 뿐만 아니라 3차원의 다이아그램을 고려하는 것도 중요하다. <그림 7.3>과 <그림 7.4>는 방풍림 뒤쪽이 바람의 속도가 낮은 지역임을 보여준다. 이 지역에 사람이 서 있다면, 단지 발목부분에서 바람의 속도가 약하다고 느낄 것이다. 다른 부분은 비교적 강한 바람속도를 느낄 것이다(그림 7.7).

그림 7.6
몇몇 유형의 수목은 예측 가능한 전형적인 바람패턴을 갖는다. 이 그림은 몇 가지 일반적인 수목패턴과 그 결과에 따른 바람패턴을 나타낸다.

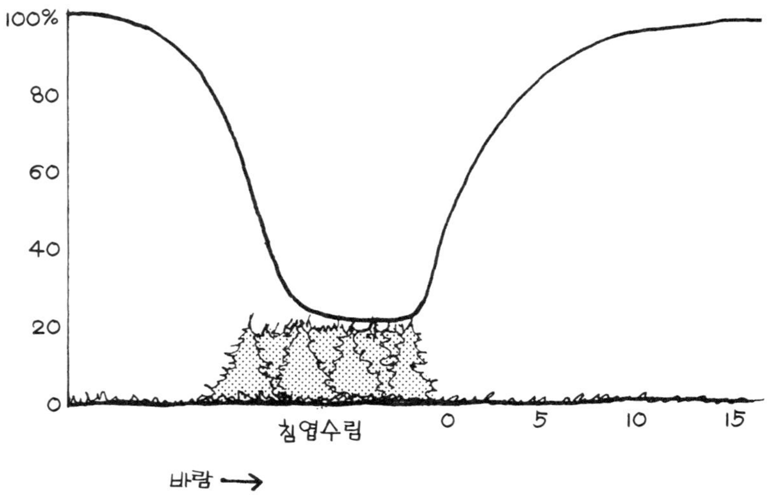

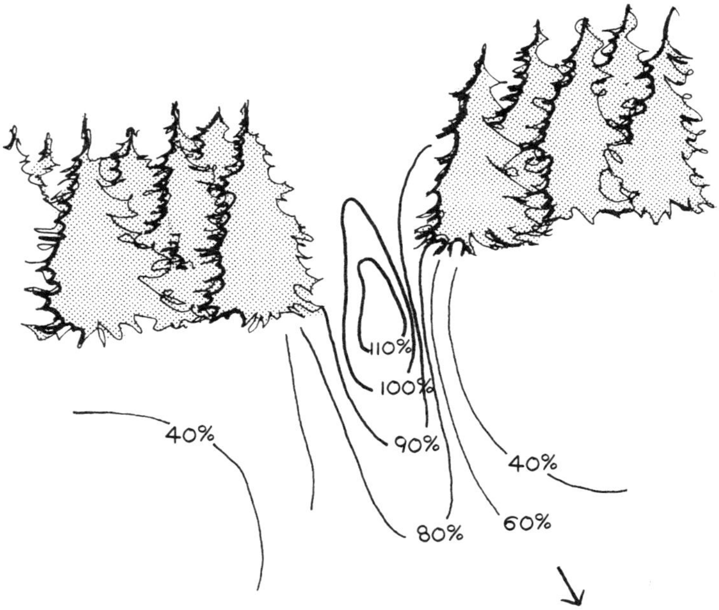

관목

관목은 바람에 대하여 교목과 같은 영향을 주는데, 그 크기만 다르다. 관목은 사람이 앉을 수 있는 작은 지역을 보호하는데 효과적이고, 주택주변의 바람을 감소시키므로 겨울철 에너지 소비를 감소시킨다.

그림 7.7
바람이 부는 지역을 3차원으로 나타내면 예기치 않은 상황이 드러난다. 이 경우, 바람이 잔잔한 지역은 아주 좁아 열쾌적에 영향을 주지 못한다.

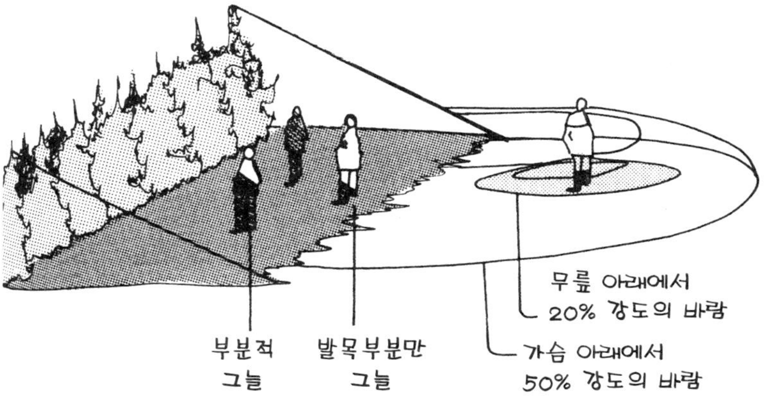

경관에서 바람의 모형화

이제까지 모든 요소를 경관 내에서 각 구성요소를 독립시켜 논의하였다. 이 요소들은 일반적이고 다양한 경관에 적용할 때, 많은 생각들을 분류해야 한다. 실제 부지에 적용하는 두 가지 방법은 즉,

(1) 바람을 조절하는 부지의 특성을 도면화한 다음, 부지에서 바람이 불 것으로 예상되는 지역을 분석하여 주풍향도를 중첩시킨다.
(2) 부지의 축소모형을 만들어 바람통로나 수로를 통해 바람을 조작해 본다. 이 두 방법에 대해서는 9장에서 자세히 설명하기로 한다.

기본적으로 경관에서 바람을 이해하는 두 가지 방법이 있다. 첫째, 바람통로나 수로로 축소모형을 만들어 이용하는 방법으로, 가능한 한 자연적인 조건을 만든 다음 경관을 지나가는 바람의 속도를 측정한다. 이 방법은 경관을 조작할 수 있게 하고 바람에

의한 영향을 '볼' 수 있게 한다. 두 번째 방법은 좀 더 보편적이고 사용하기 쉽지만 정확성이 떨어지는 방법으로서 일반적인 자료를 사용해 다른 경관에 확대 적용하는 것이다. 예를 들어, 많은 연구자들은 일렬 식재된 삼나무 방풍림 주변의 바람을 주의 깊게 측정하였다. 이 정보는 비슷한 조건의 다른 경관에 적용할 수 있다. 이 방법의 단점은 동일한 조건이 좀처럼 존재하지 않으므로 몇 가지 가정을 해야 한다.

■ **경관에서 바람을 조절하는 설계에 몇 가지 유용한 질문들이 있다. 주풍향은 어디인가?, 바람은 열 쾌적성과 에너지 이용에 어떤 영향을 주는가?, 바람의 어떤 상태가 좋은가?, 경관요소는 어떤 식으로 바람에 영향을 주는가?, 어떻게 위치시켜야 영향을 최대화할 수 있는가?**

적용사례

긍정적인 바람조건 뿐만 아니라 부정적인 바람조건에 관한 조경사례를 살펴봄으로써 학습효과를 높일 수 있다.

긍정적 바람조건은 <그림 5.3>의 (a)와 (b)에 나타낸 바와 같이 침엽수의 방풍림이 주택의 북, 동, 서쪽 면에 식재된 경우이다. 중위도 지역에서는 대부분 바람의 영향을 가을, 겨울, 봄에 받기 때문에 침엽수림은 가능한 한 겨울에 태양광선을 차단하지 않게 주택에서 멀리 떨어져 식재되어야 한다. 나무가 자랄수록 수목의 영향은 커져, 결국 주택지에 비교적 바람이 잔잔한 지역을 만든다. 이는 겨울철 주택 난방에 필요한 에너지를 줄여주고 겨울, 가을, 봄에는 옥외환경의 열 쾌적성을 증대시킬 것이다.

만일, 주택의 복사에너지를 통제하여 바람을 조절한다면, 주택의 남서면에 낙엽수를 식재함으로써 뜨거운 여름 오후에는 그늘을 주고 잎이 없어지는 겨울에는 태양광선을 허용할 것이다. 주거지에 이렇게 간단한 설치로 오랜 기간 동안 미기후를 아주 많이 향상시킬 수 있다.

바람의 부정적인 영향을 조절한 사례도 많이 있다. 이는 특히 도시지역에서 주로 나타난다. 주요 문제 중 하나는 위쪽으로 빠르게 움직이는 공기를 차단하여(대지 위쪽의 바람속도가 증가함) 지표면으로 이동시키는 고층건물이다(그림 7.8 a). 이와 같이 빠르게 움직이는 바람은 건물 전면 아래로 움직여 건물에서 바람이 부는 것처럼 느껴진다. 특히, 사람이 건물로 들어가려 할 때 매우 불편하고 불리한 조건을 만든다. 이 문제를 해결하는 간단한 접근방법을 <그림 7.8 b>에 나타내었다. 바람은 대지에 닿기 전에 방향을 바꾸게 된다.

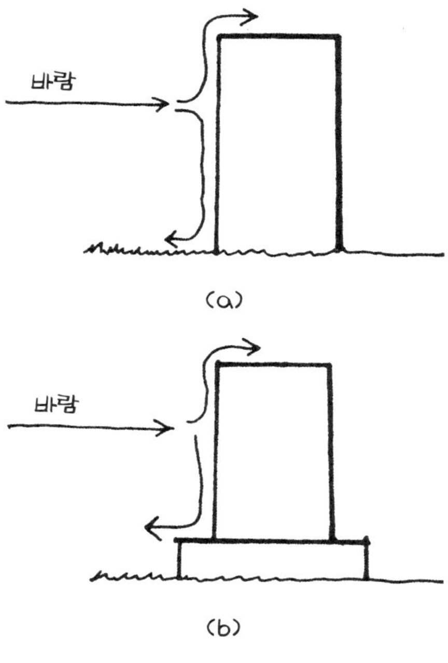

그림 7.8
(a) 도시지역에서 고층건물은 높은 곳에서 빠르게 이동하는 공기를 차단하여 지표면으로 이동시킨다. 이 바람은 건물입구 주변에 불리한 조건을 만들고, 겨울철 보행자에게 무시무시한 냉각효과를 야기한다.
(b) 바람문제에 대한 가능한 해결책 중 하나는 바람이 지면에 도달하기 전에 편향시키는 것이다.

다른 부정적인 영향은 바람이 보행공간을 통해 건물로 집중되는 현상이다. 때로는 건물이 밀집해 있어 통행량이 많을 수도 있다. 대략 넓은 공간이 남북축으로 열려져 있다면 건물의 북쪽방향에서 바람이 불 것이다. 겨울에 이러한 현상은 보행자에게 매우 불편하고 불쾌한 환경을 만들 것이다.

이 문제는 여러 가지 접근 중 한 가지 방법으로 해결될 수 있다.

(1) 위쪽의 바람을 조절하여 보도에 닿기 전에 변경시켜 바람의 속도와 방향을 감소시킨다.
(2) 적합한 보도의 방향을 정하기 위해 건물의 방향을 변경한다(이 문제는 시공 전에 고려해야만 한다).
(3) 경관에서 바람을 조절하는 요소를 도입하여 보도 상부 끝의 상승기류를 편향시키거나 확산시키고,
(4) 건물외부 공간과 보도 휴식공간을 분리시킨다.

물론 선택할 수 있는 방법은 많다. 이 책에서 배운 원리를 실제 상황에 적용하려는 창조적인 생각을 갖고 해결책을 모색해야 한다.

경관에서 바람속도와 열 쾌적성의 영향을 계량화하는 식

여러 유형의 경관에서 바람속도를 평가하는 몇 가지 방정식이 있다. 우리는 설계문제들에 적용 가능한 두 상황을 생각해 보자.

처음 우리는 여름과 겨울의 상황에서 바람조절의 상대적 가치를 조사한다.

첫 번째 겨울 계획안 : 매우 추운 날을 고려한다.

기온은 −10℃, 상대습도 = 50%, 기상대의 바람속도 = 5 m/s이고, 구름 낀 날씨이므로 상수 R_{abs}값으로 217 W/m^{2}를 사용한다. 만일 우리가 테스트할 사람에게 F의 총합값(표 A.2)으로 옷을 입히고 매우 빠르게 걷게 한다면(M = 250 W/m^2), COMFA 평형

은 -151 W/m²값을 갖는다(부록 A). 우리는 이 기후에서 사람들은 따뜻함을 좋아한다는 것을 <표 A.3>으로부터 알 수 있다.

이제 삼나무 방풍림의 차단으로 전체 바람의 속도가 25% 감소했다고 생각해보자. COMFA 평형은 -70 W/m²이 될 것이다. 수치는 높아졌으나 아직 사람은 따뜻함을 원할 것이다. 지금 이 사람을 버스정류장처럼 바람이 잔잔한 곳에 데려다 놓는다면, 평형은 -49 W/m²가 되어 아주 편안한 조건값을 갖는다.

뜨겁고 바람이 부는 여름 날씨는 $m = 180$(아주 빠르게 걸을 때), $r_{co} = 50$, $p = 170$(A의 총합값), 기온 = 30℃, 바람속도 = 5 m/s, 상대습도 = 75%로 나타낼 수 있다. 태양복사에너지는 1000 W/m²이고, 태양고도는 35°이다. 만일 전체 바람속도의 25%인 지역(예를 들어, 방풍림 뒤에 있을 때)을 걷고 있다고 먼저 생각해보면, COMFA 평형식은 290 W/m²가 되어 매우 뜨거워 불편한 조건이 된다. 바람이 부는 방풍림 뒤쪽으로 걷게 된다면, 평형은 268 W/m²이 되지만 여전히 뜨겁고 불편한 기후일 것이다. 만일 그 사람에게 방풍림을 벗어나 태양의 15%만 비치는 음지를 걷게 한다면 평형은 97 W/m²이 되어 여전히 덥지만 전보다 크게 좋아진 상황이 된다. 이번엔 그를 음지에 놓고 완전한 바람이 부는 지역을 걷게 한다면 평형은 -74 W/m²이 되어 매우 편안한 상태가 된다. 우리는 이 예로부터 높은 기온에서는 태양복사에너지의 조절이 가장 중요하나, 일단 태양복사가 조절되면 바람이 미기후를 안정시킴을 알 수 있다.

요약

경관의 모든 부분은 바람을 조절할 수 있다. 바람은 대부분의 경관에 영향을 줄 수 있으며, 사람의 열 쾌적성과 건물의 에너지 이용에 큰 영향을 준다.

■ 경관에서 바람과 관련된 문제를 해결하는 방법은 많다. 설계가가 이용할 수 있는 도구도 많다. 이 도구를 사용하여 설계의 질을 높일 수 있으나, 창의력을 제한하지 말아야 한다.

생각해볼 것

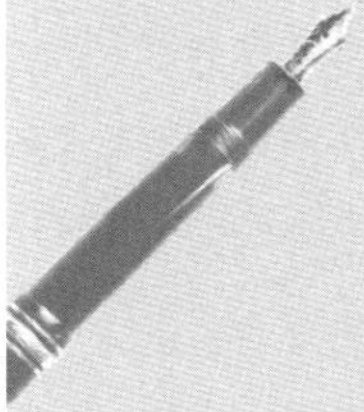

1. 4장 6번 문항은 스케이트장의 위치를 결정하는 것이다. 일단 스케이트장이 건설되면, 스케이팅하는 사람들과 빙판을 오랫동안 유지할 수 있는 방법은?
2. 교육위원회와 개발업자, 도시위원회가 제안한 내용을 고려해 보라(5장의 마지막 문제 참조). 당신이 각 단체에게 알려줄 수 있는 바람조절을 위한 세부적인 제안사항은 무엇인가?
3. 당신은 눈이 많이 오는 지역에 살고 있고, 눈을 치우는 일을 싫어한다. 눈이 쌓이지 않는 주택 내 차도로 가장 적합한 위치를 어떻게 판단할 것인가? 일단 위치가 결정되었다면 차도주변에 어떤 경관요소를 배치하여 미기후에 영향을 줄 것인가?
4. A씨 부부(6장 2번 문항)가 데크에 만족하여, 심지어는 한겨울에도 바비큐 장으로 사용하길 바란다. 그들은 어떤 날에는 겨울바람이 조금 차갑다고 말한다. 그들에게 당신이 제시할 수 있는 내용은? 만일 데크의 위치를 바꾼다면 어느 곳에 배치할 것인가

8장 온도와 상대습도, 강수조절

일반적으로 기온과 습도는 경관요소로
조절할 수 없기 때문에 설계에서 종종 간과된다.
비로 내리는 강수는 돌출구조물로 쉽게 조절할 수 있고,
눈은 바람을 통해 조절할 수 있다.
일반적으로 온도, 습도, 강수는
미기후를 조작하려는 설계조작에 중요한 요소는 아니다.

도입

강수는 조경설계를 통해 조절할 수 있지만 인간이나 건물의 에너지 평형의 한 부분으로 고려되지 않는다는 점에서 복사나 바람과는 다르게 다루어져야 한다. 대신에 경관에서 사람들에게 불편한 존재로서 다루어지고 돌출구조물 사용 등과 같은 매우 간단하고 쉬운 방법으로 조작된다.

온도와 습도는 사람의 열 쾌적성과 건물의 에너지 이용에 큰 영향을 미치지만, 조경설계로 크게 변화를 주기는 어렵다. 대기는 온도나 습도의 차이가 발생하면 매우 빠르게 흩어지게 하는 효과적인 혼합물이다.

몇 가지 자세히 살펴볼 만한 특이하고 예외적인 사례가 있다. 만약 미기후가 우세한 대기 체계로부터 떨어지거나 고립된다면 주요 영향이 나타난다. 맨해튼과 같은 극도로 도시화된 지역의 '쌈지공원'들이 그 예이다. 이 공원들은 높은 건물과 수관에 의해 주변상황과 완전히 차단된다. 이와 비슷하게 벽으로 둘러싸인 정원들은 온도와 습도를 크게 차이 나게 할 수 있다.

특성

기온

■ **당신이 만들 수 있는 기온의 변화는 공기의 움직임에 의해 빠르게 소멸될 것이다. 어쨌든 만약 당신이 한 지역을 완전하게 격리시켰다면(전체가 벽으로 둘러싸인 지역처럼) 기온차를 만들 수 있으나, 그 차이는 아주 작을 것이다.**

키가 큰 낙엽수들의 벽으로 둘러싸인 정원은 주위보다 낮은 기온을 가지는 경우이다(그림 8.1). 야간 동안 찬 공기는 벽 안쪽으로 모인다. 다음날 햇빛이 경관에 비추면, 벽으로 둘러싸인 정원은 수목의 수관에 의해서 에너지의 투입이 감소될 것이다. 게다가 바람이 불면 벽 안쪽의 공기와 섞이지 못하고, 벽 안쪽의 차갑고 무거운 공기는 그대로 있다. 결과적으로 벽 안쪽의 기온은 다른 지역의 기온보다 낮은 상태로 남아 있게 되는 것이다.

그림 8.1
일반적으로 기온과 습도는 경관 내의 모든 장소에서 매우 비슷하다. 따라서 딱딱한 벽과 짙은 그늘, 물 등을 배치하여 주위지역으로부터 경관을 고립시켜 기온과 습도를 차이 나게 할 수 있다.

이 방법은 미기후를 조절하는데 비교적 어렵고 비용이 많이 들며 효과도 적다. 따라서 특수한 조건에만 활용되는 것이 바람직하다.

결빙지역은 기온이 주변의 기온과 많은 차이가 나는 또 다른 예이다. 이러한 결빙은 봄·가을의 고요한 밤, 기온이 거의 빙점에 가까울 때 일어난다. 주변에 장애물이 없는 언덕 위의 공기는 주변의 공기보다 차가워지고 밀도가 높아져, 장애물과 우연히 마주칠 때까지 언덕 아래쪽으로 불게 된다(그림 8.2). 찬 공기덩어리가 경관에 서리포켓(cold pocket)을 조성하여 식물에 손상을 준다.

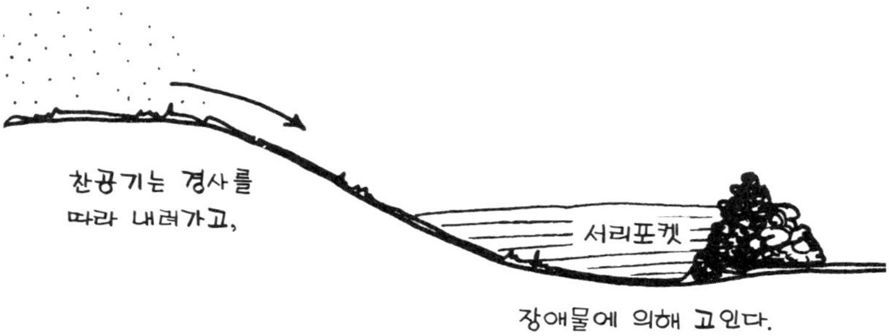

그림 8.2
맑고 바람이 없는 날 공기는 빠르게 냉각된다. 찬 공기는 따뜻한 공기보다 밀도가 높고 무거워 사면을 따라 천천히 흐른다. 이 공기가 하강하여 장애물에 부딪쳐 서리 포켓을 만든다. 이 지역은 다른 지역보다 온도가 낮아 식물에 손상을 끼친다. 장애물로 발생하는 결빙지역은 찬 공기를 배출하여 제거할 수 있다.

습도

■ 일반적으로 습도는 공기이동(바람)에 따라 아주 빠르게 흩어지게 하여 조절할 수 있다. 따라서 만약 여러분이 공기이동을 줄이거나 없앤다면 습도를 차이 나게 할 수 있다. 예를 들어, 벽으로 둘러싸인 정원의 습도는 주변의 공기와는 습도가 다르다. 이러한 설계 방법은 건조한 기후에서 습기를 좋아하는 식물이 생육하는데 유익하다.

이미 설명하였듯이(그림 8.1) 벽으로 둘러싸인 정원이 주위의 환경으로부터 완전히 격리되었다면, 그리고 바람이 공기를 휘젓지 못하게 되었다면 습도를 조절할 수 있다. 여름에 대초원이나 대평원에서 일반적으로 형성되는 자연지역과 같은 비교적 낮고 우세한 습도가 필요하다. 이미 높은 습도가 존재하는 지역에서는 습도를 높이는 것이 어렵고 권장할 만하지 못하다. 건조기후에서 습도의 증가는 연못과 같은 수원이나 식물의 증산 작용을 필요로 한다. 물이 증발하여 공기로부터 열을 빼앗아 공기는 차가워지게 된다.

기온을 조절하는 것과 같이, 습도를 조절하는 것은 비교적 비용이 많이 들고 어렵지만 습도조절이 필요한 지역이 있다. 예를 들어, 여름에 덥고 건조한 중서부 도시의 습도가 높은 시원한 공원은 인기 있는 장소이다.

■ **건조한 기후에 수분을 늘리는 것은 또 다른 에너지 손실 경로를 제공하며, 결과적으로 공기와 표면을 가열하는 에너지량을 감소시킬 수 있다.**

강수

■ **내린 눈과 바람에 의해 연속적으로 운반되어 적설된 눈은 경관설계에 있어 중요한 고려사항이다.**

■ **바람이 운반할 수 있는 눈의 양은 풍속과 관련이 있다. 바람속도가 빠를수록 많은 눈을 운반할 수 있다. 만약 속도가 느려진다면(혹은 방설책이나 방풍림에 의해 느려진다면) 눈은 떨어져 쌓이게 될 것이다(그림 8.3). 만약 바람의 속도가 빨라진다면(방풍림이 없거나 건물사이가 넓다면) 눈은 쌓이지 않고 운반될 것이다.**

눈더미의 조절은 당신이 원하는 것이 무엇인지 알고, 바람의 유형을 조절함으로써 가능하다. 예를 들어, 만약 당신이 진입로에 눈이 쌓이지 않길 바란다면 진입로 위로 지나가는 바람의 속도를 증가시켜야 한다.

그림 8.3

바람에 의해 운반되는 눈의 양은 바람의 속도에 의해 좌우된다. 풍속이 셀수록 눈의 운반량은 많아진다. 바람이 강해 많은 양의 눈을 운반할 때, 풍속을 감소시켜 쌓이게 할 수 있다. 방설책이나 상록 생울타리와 같은 방풍림을 설치한다. 일반적으로 딱딱한 재질의 장애물은 눈을 집적시키나, 침투성이 있는 울타리는 넓은 지역에 많은 눈을 집적시킨다. 반대로, 눈을 제거하길 바란다면 풍속을 증가시키면 가능하다.

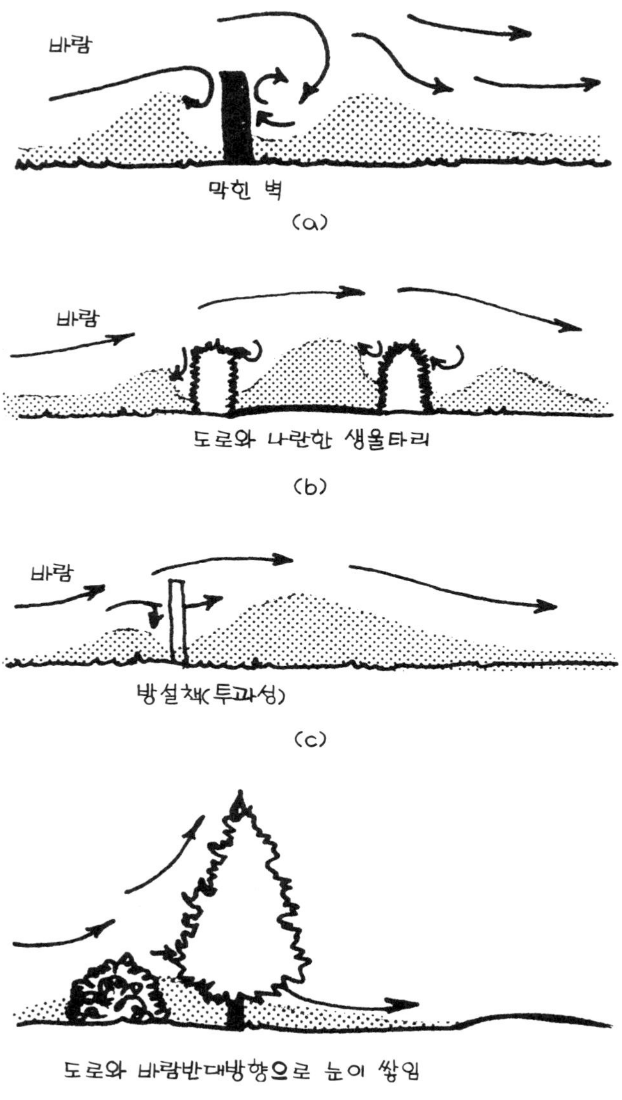

눈이 상습적으로 쌓이는 지역(습기 많고 잘 뭉쳐지는 눈이 오는 지역)은 주 풍향에 근거하여 경관을 설계해야 한다. 이것은 기상 자료에 의해 결정되며 전형적으로 눈은 동쪽방향의 바람을 동반한다. 눈이 내린 후 바람에 눈이 날리는 지역(또는 지역적 영향으로 주요 폭풍 후에 더 많은 눈이 추가되는 대규모 호수근처 지역)과 통상 운반되어 눈이 쌓이는 지역(눈이 매우 건조하고 가벼운 지역)은, 특히 **눈이 내린 후에 주로 강한 바람이** 부는 방향에 중점을 두어 경관을 설계해야 한다. 다시 말하자면 날씨자료(눈은 북쪽방향으로부터 부는 바람에 의해 날린다는 것과 같은)의 분석을 통해 결정해야 한다는 것이다.

우리가 알고 있는 바와 같이, 바람은 또한 공기 이동경로를 통해 국지적으로 빠르게 증가될 수 있다. 이것은 대상지역의 눈을 제거하는데 아주 효과적이다.

우리가 눈의 제거를 논의할 때 고민스러운 문제가 발생한다. 이 문제를 해결하는 한 가지 방법은 눈을 치워야 하는 따뜻하고 안락한 환경을 좋아하는지 아니면 눈을 치울 필요가 없는 따뜻하고 불편한 환경을 좋아하는지 물어보는 것이다.

눈을 치우는 것의 반대는 눈을 높이 쌓는 것이다. 크로스 컨츄리 스키코스나 습기가 필요한 더 건조한 기후지역의 정원에 눈을 많이 집적시켜야 할 상황이 생긴다. 이것은 필요한 시기에 바람의 속도를 조절하는 방법을 통해 이룰 수 있다. 이럴 경우에 여러분은 원하는 장소에 바람의 속도를 감소시켜 가능한 한 많은 눈을 적설할 수 있다.

- **눈을 동반한 바람이 가장 잘 일어나는 지역의 풍향기록을 검토한다. 많은 중위도의 대부분 지역에서 북풍은 맑고 추운 날씨와 관계되고, 남풍이나 동풍은 눈이나 다른 형태의 강수와 관련되기 때문이다.**

- **여러분은 도로처럼 눈이 쌓여서는 안 되는 장소에서 눈이 표면에 닿기 전에 그 지역의 대기 밖으로 눈을 내리게 할 수 있다. 이것은 그 지역의 바람과 반대방향으로 짧은 시간 동안 풍속을 감소시킴으로써 그것을 가능하게 할 수 있다. 당신은 영구적인 상록 관목 방풍림이나 방설책과 같은 임시 방풍림으로 풍속을 감소시킬 수 있다.**

요약

경관의 모든 부분은 온도, 습도, 강수에 영향을 미친다. 그러나 그 영향은 너무 미미해서 종종 사람들의 열 쾌적성 혹은 건물의 에너지 이용에서 관찰 가능한 영향은 적다. 경관 요소는 지역 내 눈의 적설량을 크게 조절할 수 있다. 당신은 눈을 동반한 바람의 속도를 줄이는 것으로 당신이 원하는 곳에 눈을 쌓아둘 수 있다.

생각해볼 것

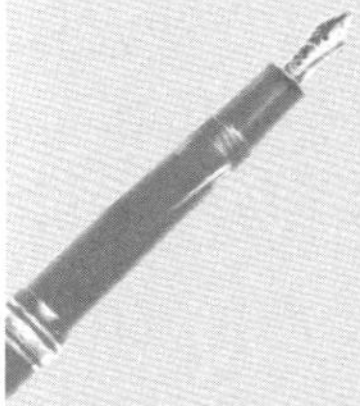

1. 한 여름 뜨겁고 건조한 북미 초원지역에 관한 프로젝트를 수행하고 있다. 열적으로 쾌적한 경관을 조성할 수 있는가? 물은 어느 정도 이용할 것인가? 기온을 낮추는 방법은?
2. 여름에 덥고 습기가 많은 뉴욕 주에 관한 프로젝트를 수행하고 있다. 습도를 감소시켜 더 쾌적하게 할 수 있는 방법은? 기온을 낮추는 방법은?
3. 눈 적설 문제가 없는 농촌주택의 겨울철 에너지 비용을 감소하고자 수목을 어떻게 배식할 것인가?

9장 미기후자료의 통합 설계 적용

도입

앞의 장들은 설계 작업을 위해 미기후 자료를 통합하는 방법들을 설명하였다. 이제는 좀 더 합리적인 방법으로 수행과정을 논의해보자.

여러분은 미기후에 대한 기초지식을 습득하였고, 경관에 의해 어떻게 영향을 받는가를 알았다.

1. **미기후의 구성 요소는 중요하다.**
   (공간 이용에 영향을 줄 수 있고, 설계로 수정될 수 있다)
2. **경관 내의 물체는 미기후 조작을 위한 중요한 요소이다.**
   (각각의 경관요소가 미기후에 미치는 영향은 어떤가?)
3. **미기후는 경관 속에서 사람과 건물에 영향을 미친다.**
   당신은 이제 새로운 경관을 설계하거나 기존의 경관을 수정하는데 미기후 자료를 이용할 준비가 되었다.

특정 프로젝트들에서 미기후 자료를 이용하는 접근방법은 미기후를 고려해야만 하는 시간과 돈을 포함하여 고객의 목적, 설계가의 목적, 부지 특성, 사람이나 건물이 설계에 포함되는가 등의 많은 변수들에 의해 달라진다. 미기후 문제를 해결하는 최적의 해결책에는 '올바른 접근'이나 '최상'의 접근도 없으며, 또한 특별한 접근방법도 없다. 오히려 접근방법들과 해결책들은 무수히 많이 존재한다. 이것이 설계의 본질이다. 우리는 여러분에게 설계시 미기후를 평가하는 틀을 제공한다. 당신의 일이나 문제에 미기후 자료의 전부 또는 부분을 자유롭게 사용하라. 이것은 체크리스트부터 지시사항까지 어느 부분에서나 사용될 수 있다.

설계에서 미기후 고려사항

설계에 미기후를 적용하는 한 가지 방법은 <그림 9.1>에 설명하였다. 그림은 미기후의 고려 사항이 설계나 계획 과정에 어떻게 통합될 수 있는가를 설명하고 있다. 조경설계시 미기후를 고려할 때 진행할 핵심단계는 다음과 같다.

1. 미기후를 고려한 **목표**를 결정한다.
2. 명확하고 실행 가능한 **목적**을 수립한다.
3. 이용가능한 **시간과 비용**을 결정한다.
4. 당신이 설계해야 할 **계절**, **이용기간대**, **활동**을 결정한다.
5. 3과 4단계를 통해 수집한 자료에 근거하여 목표와 목적을 **재평가** 한다.
6. 미기후의 설계에 **접근방법**을 결정한다(직관적 또는 합리적 방법).
7. 적절한 기후자료와 부지의 적절한 정보 모두를 포함한 미기후의 **조사목록**을 작성한다.
8. 미기후의 **고유 특성**의 결정과 **도면화**를 통해 자료를 **분석**한다(왜냐하면 미기후는 공간과 시간변화를 통해 엄청난 변화성을 가지고 있으며, 지도 그 자체만으로는 접근방법이 없다. 대신에, 부지특성도는 미기후를 만들어 내는 기후를 수정할 수 있게 한다).
9. 부지에 **제안된 조정사항**(설계, 계획 등)을 첨가하고, 조정사항이 고유특성에 영향을 미칠 것인지 아닌지를 판단한다.
10. 이 책에서 설명한 **미기후 수정방법**을 좋은 미기후를 보강하고 나쁜 미기후를 개선하는데 이용한다.
11. 수로나 바람터널과 다른 실험방법으로 제안된 조정사항을 **검증**한다.

그림 9.1
이 흐름도는 경관을 설계하거나 계획하는데 미기후 정보를 적용할 수 있는 하나의 방법을 개략화한 것이다. 과정의 각 단계는 핵심자료나 중요한 단계를 누락시키지 않도록 한다. 이 흐름도는 교재와 관련한 참고 자료로 활용하시오.

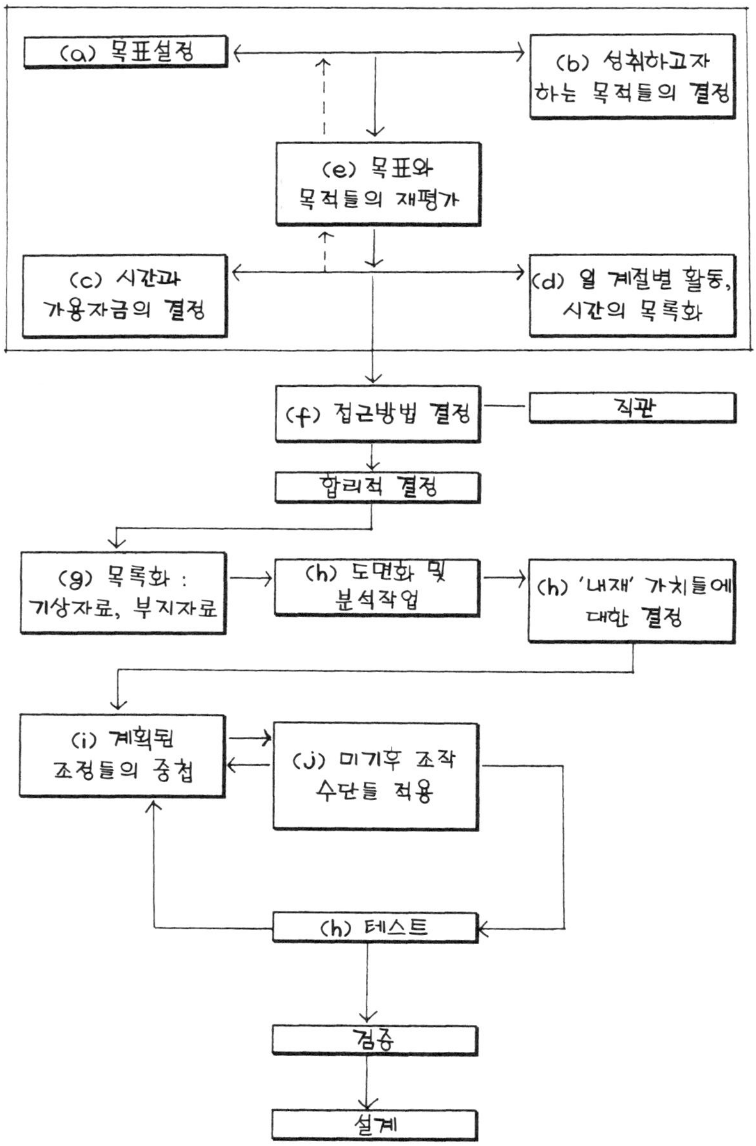

다음 부분은 각 단계를 아주 상세하게 논의한다.

목표

여러분의 설계에서 미기후의 목표를 수립했다면 먼저 목표의 한계를 설정해야 한다.

■ 목표란, 직접 접해본 것이든 아니든 간에 직접 측정할 수 없지만 여러분이 성취하길 원하는 것이다.

예를 들어, 미기후의 목표는 '열적으로 쾌적한 환경을 제공하는 것'이다. 당신은 별도의 시간과 특정한 사람들을 대상으로 측정할 수 있으나 목표를 완벽하게 성취했다는 것을 보여줄 수는 없을 것이다. 목표는 측정할 수 있고 목표를 완벽하게 설명할 수 있는 목적과 함께 제시되어야 한다. 즉,

■ 모든 목적이 실현되었다고 말할 수 있다면, 목표는 성취되었다고 말할 수 있다.

예를 들어, 미기후를 이용한 설계목적은 '공원에서 점심식사를 하는 사람들에게 쾌적한 온도의 환경을 제공하는 것' 또는 '주택난방에 필요한 에너지를 최소화' 하는 것이다. 하나의 프로젝트에 한 가지 이상의 목표가 있을 수 있다. 예를 들면, 당신은 '운동선수가 경기를 하기에 쾌적한 온도뿐만 아니라 관람객 또한 쾌적한 온도에서 구경할 환경을 제공하기'를 바랄 것이고, 또한 '실내 경기장의 냉방과 난방에 필요한 에너지의 양을 최소화하는 것'도 원한다. 이것은 하나의 목적을 최대화할 때 다른 목적에는 반대효과가 일어날 수 있는 것처럼, 목적의 우선순위를 정하는 것이 필요하다.

당신의 목적을 작성하는 것과 설계 과정동안 지속적으로 명심하는 것이 중요하다. 만약 당신이 의뢰인 심경변화 등 몇 가지 이유로 방향을 바꾼다면 이것이 당신의 목적에 어느 정도 영향을 주는가를 평가해야 한다. 만약 필요하다면 새로운 상황에 맞추어 당신의 목적을 재작성해야 한다. 그러나

■ 당신이 무엇을 하든지 항상 목표를 분명히 해야 한다.

목적

목적은 목표와 긴밀한 관계가 있다. 목표는 높고 측정하기 힘든 반면에 목적은 분명하고 성취할 수 있어야 한다. 당신은 목적이 성취된 정도를 측정할 수 있거나 결정할 수 있어야 한다. 목적은 다음과 같이 작성될 수 있다.

■ 일단 모든 목적이 달성되면 목표는 현실화 된다.

다음의 예를 통해 목표와 목적 사이의 관계를 분명히 할 수 있을 것이다. 우리는 "**카페 외부에서 식사할 수 있는 쾌적한 온도를 가진 장소를 제공하는 것**"을 목표로 수립해보자. 목적은 다음과 같다.

1. 고객이 카페를 주로 이용하는 시간대와 계절을 결정한다.
2. 주 이용 시간대 본래의 쾌적한 미기후를 확인하여 기후자료와 부지를 분석하고 목록을 작성한다.
3. 좋은 미기후는 보강시키고 나쁜 미기후는 개선하는 설계를 제안한다.
4. 수로(water frame)와 일반적인 복사에너지 자료를 이용하여 쾌적성 수준에 대한 설계를 평가한다.
5. 최대한으로 쾌적한 수준에 이르도록 설계를 수정한다.

■ 결정된 목적은 보다 세부적인 지시사항 혹은 작업을 제시하기 위해 확장될 수 있다.

예를 들어, <목적 2>를 위한 작업은 다음과 같다.

a. 부지 내에서 복사열과 바람에 영향을 미칠 수 있는 부지요소의 목록을 작성한다.
b. 부지의 축소모델을 만들고 수로를 통해 실험해 본다.
c. 대상 부지에서 가장 가까운 기상대의 기후자료를 구한다.

d. 카페 개장 예정기간 동안 일어나는 바람의 방향과 세기뿐만 아니라 일반적인 여름, 가을, 봄의 기상자료를 구한다.
e. 기후자료와 부지성격을 연결, 부지의 미기후를 결정한다.
f. 카페에서 음식을 먹는 사람들을 위한 쾌적한 온도환경에 영향을 미칠 미기후도를 작성한다.
g. 이들 미기후가 계획시기에 본질적으로 편안함을 주는지를 확인하고 유지해야 할 특성을 기록한다(예를 들어, 햇빛이 드는지 가려지는지).
h. 불편한 미기후의 요소를 확인하여 개선방법을 제안한다.

이 작업들은 목적을 성취하도록 이끌 것이고 최종적으로 목적을 실현시킬 것이다.

■ 목표를 달성할 수 있는 세부 목적들을 명확하게 기술하라. 목적을 수행할 수 있도록 작업을 간단하게 작성하라.

가용자금과 시간

무한대의 시간과 돈이 주어지면, 미기후를 완벽하게 분석하여 모든 관점에서 설계를 할 수 있다. 그러나 그런 경우는 거의 없을 것이며, 설계 작업 시 둘 이상의 대안을 만들도록 강요되는 경우가 대부분일 것이다. 프로젝트를 수행할 수 있는 시간과 이것을 시공하는 데 사용할 수 있는 자금에 따라 프로젝트의 목적과 목표를 재평가하여 실현가능성 있게 명확하게 설정해야 한다. 이것은 목표의 우선순위를 정하거나 하위 목적들을 삭제하여 주어진 범위에서 모든 목적을 성취할 수 있게 한다.

■ 시간과 돈의 한계를 명확하게 기술하고, 목표와 목적의 우선순위를 결정하는데 이용해라.

활동과 시기

미기후를 고려한 설계에 필요한 정보를 결정하는 것은 어렵다. 때때로 당신은 1년의 특정 시기의 바람에 대한 자세한 정보를 필요로 한다. 다른 계획은 1차 자료로 겨울철 태양 복사 자료를 필요로 한다. 사람들은 종종 이용할 수 있는 것보다 더 많은 기후 자료를 모으고, 또 이중 대부분은 문제에 곧바로 사용하기에는 부적당하다.

■ 자원과 시간을 최대로 이용하기 위해서 이용시간과 부지 또는 계획에 대한 활동계획을 주의 깊게 고려해야 한다.

이것은 어떤 미기후조건이 적합한지, 그리고 미기후자료를 가장 잘 이용하는 방법을 알려줄 것이다.

■ 어떤 미기후 정보가 요구될지를 결정하는 최선의 방법은 목표를 세우고 이것을 성취하기 위해 필요한 정보가 무엇인지를 되짚어 보며 일하는 것이다.

목표와 목적의 재평가

일단 2단계 과정이 완료되면, 목표와 목적들이 수정될 필요가 있는지를 판단하게 되고 이를 재검토하는 시점이다. 아마도 목표가 너무 이상적이거나, 목적과 업무의 우선순위를 결정할 필요를 느낄 것이다. 이것은 모든 프로젝트에서 진행되어야 하는 과정이다.

■ 당신의 목표와 목적을 재검토할 시간을 갖고, 당신이 수집한 정보들이 여전히 타당한지를 판단하라.

접근방법의 결정

일단, 목표와 목적, 업무의 우선순위를 명확히 한 후 프로젝트에 가장 적정한 접근 방법을 결정해야 한다. 2가지 접근방법이 있으며, 여러 방법들의 조합도 가능하다. 따라서 특정 프로젝트에서 당신에게 적합한 방법을 선택해야 한다. 직관적 접근과 합리적 접근을 꾀하되, 간편하고 유용한 방법으로 연결과 조합을 해야 한다.

직관적 접근

이 책을 통해 미기후에 영향을 미치는 메커니즘과 미기후가 사람과 건물에 미치는 영향에 대한 많은 지식을 얻었으므로 설계를 할 때 미기후 개념을 이해하고, 기본개념을 바탕으로 여러분의 결정을 조정할 것이다. 이와 같은 직관적 접근법을 이용하여 전체적 틀에서 각 세부 단계를 모두 적용할 필요는 없지만 기본적으로 미기후 개념을 가지고서 설계해야 한다.

여러분은 수많은 설계 결정들이 미기후 개념을 반영할 것이고, 때론 적절한 결정을 선택하게 될 것이다. 만약 이 접근방법으로 설계를 진행했다면, 시공된 현장에 가서 어떻게 진행됐는지를 살펴보고 평가해야 한다. 즉, 사람들이 "당신이 생각한 방식으로 공간을 이용하는가?"라는 점이다. 당신이 고려한 미기후는? 그 후 이러한 모든 정보를 통해 얻어진 경험치들을 설계에 적용한다면 이후의 설계는 더 좋아질 것이다.

■ **시간이 부족하고 적은 예산, 예측하기 어려운 미기후 문제를 가지고 있다면 이러한 미기후 설계에 직관적인 접근방법을 사용하라.**

합리적 접근

합리적 접근은 설계과정 혹은 설계 틀의 매 단계마다 미기후의 영향을 제시한다. 당신은 부지분석 및 조사목록, 설계 개념 발전,

기본계획을 결정하고, 세부설계단계에서 실시설계와 보고서 작성, 시공 감리하는 동안 미기후 정보를 시공 후 평가 등에 이용할 수 있다. 대부분의 방법들은 앞에서 설명하였다. **적용과정**은 <그림 9.1>의 모든 단계를 포함한다. 즉 조사목록, 분석, 도면화, 조정반영, 도구사용, 대안평가 등이 포함된다.

■ **시간과 예산에 여유가 있고 주요 미기후 문제를 해결해야 한다면 일단 미기후를 고려한 설계에 합리적으로 접근해야 하고, 설계를 세밀하게 조정할 때 직관적인 접근이 필요하다.**

기후 조사목록과 부지 정보

■ **미기후의 조사목록과 분석, 설계는 다른 어떤 사항보다 목표 지향적이어야 한다.**

■ **부지의 조사목록을 발전시키기 위해서는 2가지 작업이 필요하다.**
(1) 부지 특성에 적합한 측정과 도면화
(2) 정확한 기후 정보의 수집

기후와 부지 정보를 통해 미기후 평가기법과 이를 발전시키는 것에 대해 살펴보았다. 이제는 이 기법을 적용할 때가 됐다.

기후 자료 목록

우리가 설계할 부지의 기후조건을 잘 알지 못할 때, **일반적**인 기후자료를 수집하는 것이 유용하다. 당신은 어떤 계절이 좋은지를 확인할 필요가 있다. 예를 들어 일반적으로 겨울에 볕이 많은지 혹은 추운지, 흐리고 비가 와서 추운지, 혹은 햇빛이 나서 더운지, 또한 서리가 내리지 않는 시기, 계절에 따른 바람속도와 방향, 여름에 볕이 나는 정도, 겨울철 최저 기온 등을 알기를 원할 것이다. 어쨌든, 수집할 많은 자료는 당신의 목표와 목적에 따라 달라질 것이다.

■ 일반 기후정보들은 매우 유용하게 활용할 수 있다.

특정 지역의 기후정보를 수집할 때, 실제로 고려해야할 두 가지 사항이 있다. 첫 번째는 연중 그리고 하루 중 불쾌할 정도로 덥거나 추운 시간 때와 그 기간 동안의 기후상황을 판단하는 것이고, 두 번째는 계절에 따라 매우 빈번히 일어나는 일반적 혹은 '전형적인 1일 기후 상태(typical day)'이다. 사람들이 야외에서 활동하기를 원하는 지역의 계절별 주요 날에 대한 활동시간 기록자료를 찾는 것이 매우 유용하다. 사람들은 햇볕이 있는 화창한 날 야외에 있기를 좋아하는 경향이 있고, 이는 기후조건을 나타내므로 계절별 맑은 날과 각 시간별 기온, 복사량, 바람의 속도와 방향, 상대습도 그리고 연중 각각의 일기가 어느 정도 빈번히 일어날 수 있는가를 쉽게 알 수 있다.

당신은 특정 기후조건에 대한 통찰력을 얻을 수 있으며, 또한 이전에 논의했던 일반적인 특성들도 여전히 필요하다. 여름에는 주로 태양을 조절하고, 겨울에는 주로 바람을 조절할 수 있는 설계를 하라. 북쪽지역에서는 봄과 가을에 먼저 바람을, 후에 태양을 고려하여 설계하고, 남쪽 지역에서는 먼저 태양을, 후에 바람을 고려한다. 특정 자료에 일반적인 원리를 적용할 때 특수 상황을 파악할 수 있는 주의 깊은 통찰력이 요구된다.

시간별 날씨 정보를 통해 얻을 수 있는 가장 유용한 정보는 봄, 가을, 겨울의 바람속도와 방향 그리고 봄, 여름, 가을의 태양 복사 수준에 관한 것이다. 요약된 기후자료를 통해 이들 요소들에 대한 정보도 얻을 수 있다. 연중 월별에 따라 여러 방향에서 불어오는 바람의 속도와 그 시기에 대한 정보를 수집하는 작업은 효용가치가 있다. 그런 자료는 간단한 풍배도(風配圖)로 나타낼 수 있다(그림 7.1 b). 이것이 일반적인 정보에 그치지 않고, 더 중요한 것은 특히 추운 시기 예를 들어, 하루 중 기온이 0℃ 이하일 때, 바람의 방향과 속도를 판단하게 해준다. 또한, 2장에서 언급한 '조건적' 기후자료로 인간의 열 쾌적성과 건물의 에너지 보존을 고려할 때, 어떤 바람이 가장 관련이 있는가에 대한 정보를 제공한다.

■ **마음속에 항상 당신의 목적을 간직해라. 당신이 다룰 수 있는 것보다 훨씬 더 많으며 대단히 유용한 기후와 미기후에 대한 정보들이 있다. 당신은 단지 일부에만 관심이 있을 것이다. 다른 모든 정보들은 무시해도 좋다**

부지 자료 목록

미기후 분석에 매우 유용한 몇 가지 부지 자료들이 있다. 이것은 다른 이유에서 수집된 정보이지만, 미기후에 적용하도록 재해석할 수 있다.

■ **미기후에 가장 영향을 미치는 지형 정보는 '경사와 사면' 이다.**

경사(수평면에 대한 각)와 사면(경사면 주위의 방향)은 태양복사량에 크게 영향을 주며, 미기후를 조성하는데 매우 유용하다. 또한 경사는 국부적인 공기 흐름, 특히 복사열이 냉각되는 밤에 영향을 미친다.

특별한 경우에 관심을 갖게 되는 지형정보는 토양습도수준(지표면의 에너지수지에 영향)과 고여 있는 물(낮 동안 공기를 냉각시키고 밤에는 상대적으로 기온을 높인다)을 포함한다.

■ **미기후에 가장 영향을 미치는 식물 식생정보는 유형과**

밀도가 관련된다.

우리가 알고 있듯이, 낙엽수들은 잎이 떨어진 기간 동안 햇빛을 통과시키고, 잎이 우거진 기간 동안에는 햇빛을 차단한다. 침엽수들은 4계절 내내 햇빛을 차단한다. 관목, 초본류, 지피식물들은 사람들에게 통상 그늘을 제공하지는 않지만 지표면의 에너지 수치에 영향을 미치므로 부가적인 환경조건을 만든다. 식물이 없거나 적은 지역인 주차장이나 모래사막, 해변은 십중팔구 극단적 미기후를 나타낸다.

도면화와 분석

부지의 미기후를 분석하고 도면화 하는 작업은 일반 자원을 분석하는 것과는 다르다. 대부분의 자원들은 상당히 정적이다. 예를 들어, 토양은 시간에 따라 매우 조금 변하므로 토양을 공간적으로 도면화 할 수 있다. 게다가, 일단 당신이 그 토양의 특성을 확인하면 해석하여 여러 부지에 적용할 수 있다. 생육상태가 다른 작물에 대한 잠재력, 보수력 등에 따라 미기후는 시공간적으로 아주 다양하기 때문에 실제로 도면화 할 수 없다. 당신이 어느 한 시점에서 지역의 미기후를 도면화한다면, 어느 다른 시점과는 완전히 달라질 수 있기 때문에 당신의 노력이 헛될지도 모른다.

이러한 딜레마를 해결하는 한 가지 방법은 어떤 특정 설계를 하여 미기후와 관련이 있었던 주요 이슈를 도면화 하는 것이다(예를 들면, 당신의 목적들). 예를 들어, 우리가 인간의 열 쾌적성을 최대화하려고 어느 지역을 설계하고자 한다면 도면에 바람과 복사에너지를 포함할 필요가 있으나, 습도나 기온 그리고 강수량은 매우 일정한 상태이기에 무시할 수 있다는 것을 알고 있다. 그러나,

■ **우리는 경관이 부지에서 주풍과 복사량을 얼마나 조절할 수 있느냐에 많은 흥미를 가지고 있다. 우리가 결코 주**

요 대기 조건들을 변화시킬 수는 없으며, 단지 경관요소만을 조작할 수 있다는 것을 기억해야 한다.

그래서,

■ 경사와 사면을 도면화하고, 먼저 복사 에너지도를 작성하라.

지면의 경사도는 흡수한 태양복사에너지의 강도에 영향을 미칠 것이다(그림 9.2 a 참조). 3장에서 배웠던 것처럼, 경사가 태양광선과 수직을 이룰수록 복사에너지의 강도는 더 높아진다. 하늘에서의 태양이동 때문에 남사면이 북사면보다 태양복사에너지의 강도가 높은 것처럼 경사의 방향도 중요하다. 동서사면은 하루 중 특별히 높거나 낮은 복사에너지 강도를 갖는 특정한 시간들이 있으므로 이용시간계획시 고려되어야 한다.

■ 복사에너지도의 두 번째 도면을 작성하기 위해 식생유형을 도면화하라.

식생도는 매우 간단한 범주들, 예를 들어 (1) 나무 없음, (2) 낙엽수와 (3) 침엽수(그림 9.2 b 참조)의 3가지 범주이지만 훨씬 더 복잡하게 범위를 정할 수도 있다. 우리는 다시 복사에너지에 대한 경관의 영향을 결정하려 한다. 나무가 없는 지역은 태양복사에너지가 지표면에 도달하기 전까지 어떠한 방출에너지도 차단하지 않을 것이고, 침엽수들은 사계절 내내 태양 복사에너지를 차단할 것이며, 낙엽수림은 겨울보다 여름에 보다 많은 복사에너지를 차단할 것이다. 경사와 사면을 식생도와 결합한다면 우리는 태양복사에너지 기본도를 작성할 수 있다(그림 9.2 c). 우리는 이 기본도를 적용하여 부지 전체에서 사람의 열 쾌적성을 판단하고 혹은 여러 지역의 건물난방에 필요한 에너지량을 평가할 수 있다.

그림 9.2

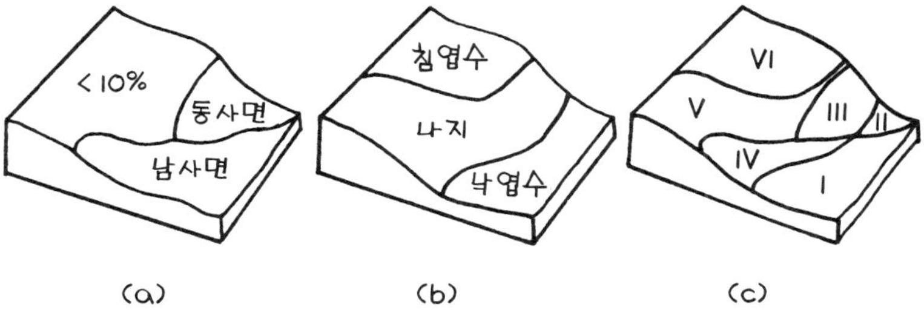

〈범례〉

Ⅰ = 남사면, 낙엽수	Ⅱ = 동사면, 나무 없음
Ⅲ = 동사면, 낙엽수	Ⅳ = 남사면, 나무 없음
Ⅴ = 〈 10% 남사면, 나무 없음	Ⅵ = 〈 10% 남사면, 침엽수

(a) 미기후도를 작성할 때, 미기후를 만들어내는 경관특성들의 지역적 범위를 도면화하라. 예를 들어, 태양복사에너지를 고려할 때 대지의 경사와 향을 도면화 하는데, 왜냐하면 이는 태양복사에너지를 어떻게 어느 정도 흡수하고, 미기후를 일으키는데 이용 가능한 에너지가 어떤 것인지를 결정할 수 있기 때문이다.

(b) 복사에너지 분석의 첫 단계는 경사와 방향이고, 두 번째 단계는 태양복사에너지를 조절하는 나무들이 있는지 없는지를 결정하는 것이다. 낙엽수들은 계절에 따라 태양복사에너지에 다른 영향을 주며, 반면에 침엽수들과 나무가 없는 지역은 사계절에 걸쳐 매우 일관된 경향이 있다.

(c) 그림 9.2 (a)와 9.2 (b)를 겹쳐 놓음으로써 두 가지 특성을 동시에 확인할 수 있는 중첩도(overlay)를 작성할 수 있다. 이 지도는 활동에 가장 적합한 위치를 결정하는데 이용될 수 있다. 예를 들어, 겨울에 크로스컨트리 스키로로, 여름에 산책로로 사용되는 길은 북사면에 있는 침엽수림대가 최상의 적지이다. 이것은 가능한 한 오랫동안 눈이 남아있으며, 여름 하이킹 기간에는 시원한 환경을 제공해 준다.

지도를 해석하는 방법은 이용계절과 시간 그리고 활동계획에 의해 좌우된다. 예를 들어, 학생들을 위한 길의 적지를 판단하기 위해 가을, 겨울 그리고 봄으로 조사를 국한하고, 일반적으로 방학 중인 여름은 포함하지 않는다. 그런 다음, 바람이 가장 적게 불 때와 최대의 태양광선을 갖는 위치를 알기 위해 이 순서대로 조사한다. 매우 추운 조건에서 침엽수림은 바람의 속도를 낮추기 때문에 적지일 수 있다. 남사면의 낙엽수림은 특히 봄과 가을에 사람들이 산책할 수 있도록 상당한 태양복사에너지를 제공해 주며, 또한 바람의 속도를 다소 감소시킨다. 가장 불편함을 주는 위치는 개방된 사면이다.

또 다른 예로서 카페에서 옥외식탁에 대한 적지결정이다. 우리는 이용시간 계획이 주로 한 여름 정오라는 것을 알고 있다. 우리는 가능한 한 태양 복사에너지를 줄이고자 할 것이고, 복사조절에 큰 영향이 없다면 바람을 불게 할 것이다. 북사면은 가장 추운 곳이 될 것이고, 침엽수와 활엽수들은 한 여름에 부가적으로 그늘을 제공할 수 있다. 카페의 옥외공간은 길의 조성과는 매우 다른 환경이 요구된다.

계획조정안의 첨가

이 시점에서, 우리는 연구대상 부지에 관하여 많은 것을 알고 있고, 우리가 무엇을 달성하려는 지도 분명하다. 조경설계나 계획안 또는 건물의 위치선정 등에 조정안을 제시할 때이다. 시설의 위치는 미기후도를 검토해서 결정할 수도 있고, 사람의 열 쾌적성 혹은 주택의 에너지보존 가능성을 고려하여 산출할 수도 있다. 우리는 이제 적지 선정도면을 작성할 수 있게 되었다. 부지의 수용력은 어떤 기능들이나 활동을 수용할 수 있는 장소 본래의 능력인 반면, 적합성은 다른 여러 고려사항들을 염두에 두고 적정하게 배치할 수 있는 적합성을 요구한다. 예를 들어, 부지가 옥외 카페로서 이상적인 미기후를 갖고 있어도 부엌이나 카페내부와 멀리 떨어져 있는 것보다 대신에 미기후의 가치는 덜하나 건물 옆에 위치해 있는 장소를 선정할 수 있다.

적지 선정도는 여러분이 설정했던 모든 목적에 맞게 작성될 수 있다. 옥외카페, 테니스장, 드라이브길, 주차장 등을 위한 도면을 작성할 수 있다. 한 지역이 몇 가지 활동에 대해 높은 가능성을 가질 수 있으며, 적지 선정도는 그것들을 결정하는데 도움을 줄 수 있다.

미기후 조작도구들의 활용

일단 일반적인 위치들을 확인하였으면 이 책에서 논의된 절차와 도구들을 이용하여, 복사에너지와 바람 등의 조절을 통해 실제적인 세부설계와 시설배치가 이루어져야 한다. 그리고 특수한 경우 습도와 온도, 강우량의 조절도 이 책에서 논의한 것처럼 다루어져야 한다. 이러한 도구들은 설계작업을 가장 적절한 방법으로 진행할 수 있도록 모든 업무에 적용될 수 있다.

배치가 결정되면

종종 기본 배치나 건물 및 활동선정이 프로젝트가 진행되기 전에 결정될 것이다. 어떤 경우에는 기존 시설이 지닌 문제를 해결하도록 요구할 것이다. 어느 경우건 간에 건물위치를 변경하고 활동을 결정할 수 없으므로 기존 상황만을 면밀히 조정하면 되며, 향상시킬 수 있는 방법들은 많이 있을 것이다.

먼저, 첫 단계는 위치를 평가하고 문제를 확인하는 것이다. 여러분이 정확하게 문제를 인식하였다면 고객이 여러분에게 의뢰한 문제는 단지 실제의 어려움이라는 것을 알게 된다. 그러나 이것은 좋은 출발점이다. 예를 들어, 고객이 외부식사공간의 야외 식탁을 이용하는 사람이 아무도 없다고 말하는 것은 식당을 이용하는 손님의 수가 제한된다는 것을 의미한다.

이처럼 한 상황을 평가할 때, 기존의 위치를 조사하고 또 다른 의견이 있는지 없는지를 결정하는 것은 매우 중요한 일이다. 만일 건물 북쪽에 식탁이 있다면 봄과 가을 동안에 식사하기에는 너무 추울 것이므로 사람들은 햇빛이 비치는 곳을 찾는다. 식탁 설치가 가능한 지역이 있다면 봄과 가을에 햇빛이 잘 드는 곳이다(건물의 남쪽 또는 예를 들어, 주요 영업시간이 주로 늦은 오후라면 건물의 서쪽면).

■ **설계자는 교환상황을 고려하여 결정한다. 특히 여름 점심시간에 편안한 장소를 만들려면 저녁이나 가을, 봄철**

이용은 아주 불편할 것이다. 항시 발생되는 교환상황을 염두에 두어야 한다.

뜰이 건물의 남쪽에 있다고 생각하면 여름 동안 너무 더울 것이라는 문제가 있다. 당신은 낙엽수를 식재하여 저녁 전에 태양빛을 차단하려 할 것이다. 가장 적합한 나무는 늦은 봄에 잎이 나서 추운 봄철에 최대한으로 햇볕을 내리쬐고, 가을에는 일찍 낙엽이 져 추운 가을철 최대한으로 햇볕을 주는 나무이다. 나무는 한여름 동안 최대한의 그늘로 햇빛과 더위를 피할 수 있는 공간을 제공한다. 나무를 식재할 기회가 주어지지 않았거나 고객이 즉각적인 차단을 원한다면 당신은 다른 복사차단장치를 제공할 수 있다. 한 가지 방법은 이동 가능한 파라솔을 설치하는 것이다. 태양의 위치에 따라 고객은 파라솔을 펴거나 접을 수 있다. 그러나 일반적으로 파라솔이 한 테이블에 앉은 모든 사람들에게 그늘을 주기 어렵기 때문에 좋은 해결책이 아니다. 이것이 파라솔의 유용성을 제한한다. 다른 방법은 더 넓은 그늘을 줄 수 있는 상부 트렐리스를 설치하는 것이다. 이것은 낙엽수와 같이 활용할 수 있는 덩굴을 식재하는 것이다. 또 다른 방법은 과거에 다른 곳에서 행해졌던 것이나 이 책에서 말한 것을 그대로 실행하는 것보다 여러분의 설계능력이나 상상력을 이용하는 것이다. 여러분은 지금 주제와 성취하고자 하는 바를 알고 있으므로 창조적인 방법으로 문제를 해결할 수 있다.

■ **실제로, 이 책의 주요 의도 중 하나는 설계가에게 성취하려는 것과 왜 해야 하며, 그 문제를 창조적으로 해결하는 방법을 개념적으로 이해시키고자 하는 것이다. 여기에는 해답이나 실제적인 모범사례조차 없다. 오직 문제를 해결하고 가능한 최적의 상황을 창출할 수 있는 창조적인 해결책만 있을 뿐이다.**

설계안의 평가

어떤 잠재적인 미기후 문제는 시공하고 난 후보다 실험실에서 확인될 수 있기 때문에 시공하기 전에 설계를 검토하는 것이 중요하다.

시공 전 설계검토

일단, 설계가 "도면"으로 작성되면 미기후가 어떨 것인지를 실험실에서 실험할 수 있다. 이것은 매우 중요한 사항이다.

■ 우리는 현실에서보다 실험실에서 실수를 범할 수 있다.

몇 가지의 다양한 도구와 기술이 실험에 이용될 수 있는데, 각각은 미기후의 결과에 대한 여러 가지 관점을 제공한다.

바람통로와 수로실험은 시공되었을 때 바람이 어떻게 될 것인지 알아보기 위해 평가되는 경관모형으로 과학적인 시설이다. 둘 다 제안된 경관의 물리적인 모형이 필요하다. 모형은 실험하는 동안 바람과 물이 파괴하지 못할 정도로 튼튼해야 한다. 모형은 직경 1미터 이하의 크기로 순환됨이 기본이다. 형태는 바람과 물이 모든 방향에서 경관으로 흘러들어올 수 있도록 실험할 동안 수로에 순환할 수 있는 모형을 고려한다. 경관은 각 방향에서 불어오는 바람에 각각 다른 영향을 받을 것이지만 속도에 따라서는 큰 변화가 없다. 따라서 풍향별로 실험해야 하지만 속도별로는 실험할 필요가 없다. 산출된 바람의 수치는 상대적인 풍속으로 자유흐름의 속도(경관에 영향을 받지 않은 풍속)와 관련된다.

바람통로는 문자 그대로 공기가 조정된 속도로 통과하는 통로를 말한다. 바람통로는 경관을 통과하는 바람경로를 모형화한 것이다. 실험에 사용되는 경관모형은 바람통로의 중심에 놓인다. 커다란 선풍기가 모형 위로 공기를 보내고 당기면서 실제 경관을 통과하는 바람통로를 모방한 것이다. 바람통로는 정교한 기구가 필요하고, 외부환경에서 바람을 볼 수 없는 것 같이 통로에서 바람을 볼 수 없기 때문에 특별히 보이는 활동은 없다.

때때로 바람은 풍속과 풍향을 나타내기 위해 의도적으로 모형에 작은 깃발이나 천 조각을 설치하여 보일 수 있다. 대안으로, 연기를 바람 위쪽으로 불어 넣어 바람이 어떻게 이동하는지를 살펴볼 수 있다. 그러나 일반적으로 바람통로의 활동은 특별한 가시적 결과를 산출하지는 않는다.

숙련된 기술자는 모형과 바람의 흐름을 나타낸 지도로 상대적인 바람의 속도와 방향을 측정할 수가 있다. 등치도(풍속이 같은 지역을 연결한 선이 그려진 지도)는 바람이 각기 다른 방향에서 불어올 때 지역을 통과하는 바람의 속도에 대해 가치가 있는 정보를 얻을 수 있게 한다.

수로는 바람통로와 유사하게 설계되지만, 모형에 바람이 이동하는 대신 물이 통과한다. 물과 공기는 모두 유체이어서 물은 경관을 통과하고 이동한다는 점에서 공기와 흡사하다. 물은 관찰자가 흐름을 볼 수 있도록 그 흐름에 모래를 주입하거나 다른 물질을 수반할 수 있다는 장점을 가지고 있다. 경관 내부나 주변의 물 흐름을 볼 수 있고, 또한 경관주변의 상대적 속도나 방향을 측정할 수 있다.

바람통로와 수로는 시공 전후의 경관을 실험할 수 있으므로 당신이 부정적인 결과를 얻었다면 모형부지 주변의 건물이나 시설을 이동시켜 다시 실험할 수 있다. 매우 강력한 도구이지만 실험하는데 비용이 많이 들 수 있다.

신기술을 이용한 '이상적' 해결책 제시

컴퓨터의 용량과 속도의 지속적인 증가로 미기후와 관련된 많은 문제들과 미기후 이슈는 현재 컴퓨터 프로그램으로 모형화 될 수 있다. 예를 들어, 우리는 사람의 열 쾌적성을 나타내는 공식을 작성한 후 기온, 습도, 태양일조, 바람, 활동지수와 의복과 같은 개인특성에 대한 미기후 값을 간단히 입력함으로써 특정 미기후에서 사람들의 쾌적성 여부를 결정할 수 있다. 만일 사람들이 많이 추워할 것이라면 우리는 많은 햇볕을 비춘다던가 바람을 덜 불게 하는 등으로 미기후를 조절할 수 있다.

기후자료와 부지의 특성을 입력하여 부지의 미기후를 측정하는 데 컴퓨터 모형이 유용하다. 이것들이 요즘 주로 이용하는 조사도구로 실제상황에서 점점 많이 활용되고 있다.

만일 당신이 고해상도의 컴퓨터 애니메이션을 통해 이러한 과학적 모형의 결합상황을 상상할 수 있다면, 아마도 지금 연구자의 책상 위에 있는 것이 무엇인지 볼 수 있을 것이다. 즉, 책상위에는 4차원 이미지를 가진 컴퓨터 모니터가 있을 것이다(4차원은 시간으로, 영상이 움직이고 영상 속의 사물이 움직인다는 것을 의미한다). 컴퓨터 앞에 앉아 있는 사람의 의뢰로, 부지 내의 바람과 복사를 추정하고 지도화 하는 작업을 통해 미기후를 분석한다. 또 어떤 의뢰는, 예를 들어 어떤 특별한 상황, 즉 전형적인 여름 한낮에 테니스 선수에 대한 열 쾌적성 수준을 평가할 수 있다. 또 다른 4차원 영상은 편안하다고 예측되는 지역 또는 매우 따뜻하거나 시원할 것으로 예상되는 지역을 화면에 나타낼 것이다. 작업수행자는 다음에 그 지역이 너무 더울 것 같은 이유에 대한 조언과 어떤 조치를 취해야 하는지에 대한 제안을 요구할 것이다. 컴퓨터의 가장 효과적인 조절은 태양열의 유입을 줄이는 것이고, 낙엽수를 이용하는 것이 가장 효과적이라고 제안한다. 또 다른 제안으로 선수가 경기 휴식시간에 시원하게 쉴 수 있도록 테니스장 주변에 파라솔을 제공하는 것이다.

컴퓨터가 여러분이 일반적으로 결정을 어떻게 하는지 '학습하기' 시작하게 되면 시간변화에 따라 더 나은 제안을 하기 시작할 것이다. 예를 들어, 만일 당신이 파라솔을 이용하는 것을 꺼리고 자생식물을 사용하는 것을 더 좋아하는 것을 알아차리면, 우선적인 견해로서 자생식물을 제안할 것이다. 또한, 당신이 종종 간과해버리는 물체나 식물들의 이용에 대한 잠재적인 장점을 지적할 것이다.

이러한 시나리오는 어떤 사람들을 두렵게도 하고 흥분시키기도 한다. 현재까지는 여전히 본보기 단계이고 특별한 가치를 가지려면 많은 발전이 필요하다. 알고 있다시피, 사실 바람은 널리 알려진 바와 같이 컴퓨터 모형화하기 어렵고, 가치 있는 신기술이 개발될 때까지는 이 문제가 해결될 것 같지 않다.

결론

이 장에서 기술한 전체적인 윤곽(그림 9.1)은 대부분의 미기후 설계문제에 적용할 수 있다. 주어진 프로젝트에 적용할 수 없는 단계는 생략할 수 있고, 중요한 단계는 적절하게 확대될 수 있다. 비록 당신이 어떤 중요한 것을 잊지 않았다는 것이 확실하더라도 합리적인 과정을 따르는 것이 중요하다.

기타 미기후 설계의 적용

이 책을 통해 우리는, 미기후 설계는 사람의 열 쾌적성과 건물의 에너지 보존이라는 2가지 중요한 문제에 중점을 두었다. 따라서 이 책을 사용해서 문제를 해결할 수 있는 능력을 가졌기에 많은 곳에 적용할 수 있다. 다음은 몇 가지 다른 적용을 논의할 것이고, 여러분이 다른 주제를 어떻게 해결하는지는 여러분의 결정에 맡긴다.

경관에서의 식물생존

대부분의 식물은 생육할 수 있는 생육온도 조건을 충족한 지역에서 개체가 번성해 왔다. 이것은 겨울의 최저온도, 결빙기간, 여름철 강우, 최고온도, 강설량, 바람과 같은 기준에 기초를 두고 있다. 이들은 많은 경우에 꽤 적합하지만, 아는 바와 같이 미기후 조건은 기후조건과는 크게 다르다. 식물생육가능 지역은 기후에 기초를 두고 있지만 당신은 몇 가지 미기후 분석을 통해 당신 자신이 소규모 생육가능지역을 결정할 수 있다.

온타리오 남부의 복숭아 과수원은 호수근처와 남쪽 끝 지역 등이 생육가능 지역으로 제한되어 있다. 각각의 나무는 예상 밖으로 더 먼 북쪽 지역에서 잘 적응하며 생육할 수 있었다. 이것은 북쪽의 미기후가 따뜻한 생육가능 지역의 지역기후와 같은 특성을 가지고 있기 때문이다.

어떤 특정한 식물 종의 제한과 특정 요구조건을 조사함으로써 당신은 하나나 그 이상의 생육가능 지역으로 기후를 조절할 수 있을 것이다. 예를 들어, 만일 복숭아나무의 중요한 특성이 생존이 아니라 봄에 완전하게 개화하는 것이라면 당신은 개화를 위한 설계를 할 수 있다. 예를 들어, 꽃눈이 단단하게 얼었다면 열매를 맺지 못할 것이다. 만일 개방된 지역으로 주위에 나무나 구조물 없는 긴 경사지 아래쪽 지역에 식재되었다면 다른 곳에는 밤에도 서리가 내리지 않겠지만, 여기는 서리포켓이 형성되기 좋은 지역일 것이다. 어쨌든 만일 복숭아나무가 맑은 하늘보다도 더 높은 비율로 장파를 계속 방사하는 건물 옆에 있으며, 또한 근처에 나무가 자라고 있고 찬 공기를 배출하고 공기의 대류혼합이 일어나는 경사지에 있다면 복숭아를 생육하기에 아주 적당할 것이다. 중요한 것은 주요 특성을 판단하고 부정적인 효과를 줄일 수 있는 미기후를 설계하는 것이다.

일반적으로, 생존의 잠재력과 산출량을 증가시킬 수 있는 채소원, 화훼원, 어린 작물지역의 위치를 정할 수 있는 여러 가지 방법이 있다. 예를 들어, 채소가 생장하는 계절은 적당한 미기후, 일조, 바람, 서리, 습기를 고려함으로써 봄과 가을로 확대될 수

있다. 그와 같은 결합은 다른 기후지역에서는 달라지게 될 것이나, 보통 중위도지역에서 최상의 상태는

(1) 봄과 가을에 따뜻함을 제공하는 사계절의 태양
(2) 온화한 바람(봄과 가을에 따뜻한 태양복사에너지를 빨리 소멸시키지는 않지만, 추운 밤에 서리포켓을 강화시킬 정도로써 무풍지역이 아닌 강한 바람의 감소)
(3) 장애물이 없는 경사의 아래 부분에 위치하여 시원하고 맑은 밤에 찬 공기가 배출되고
(4) 배수가 용이한 토양(건조한 토양은 습기가 많은 토양보다 봄에 먼저 온도가 상승할 것이다)

등이고 물론 이외에 많은 것들이 미기후의 조건들과 관련된다.

동물의 쾌적성과 생존

동물의 쾌적성은 사람의 열 쾌적성과 같은 방법으로 간주될 수 있고 모형화 될 수 있다. 물론 큰 차이점은 동물은 철마다 의복을 갈아입을 수도 없고, 쾌적성 여부를 그들에게 물어 확인해 볼 수도 없다는 것이다(적어도, 그들에게 물어보아도 통상 대답하지 못할 것이다). 다른 방법도 상황은 비슷하다.

특히 가축들이 야외 환경에서만 지내게 되는 경우 이러한 분석의 유형은 농업분야에서 유용할 것이다. 가축들을 위한 적정한 축사와 환경들에 대한 예들이 많이 있다. 그리고 그것들 중 몇몇은 첫 번째 분석에서 특이한 것도 있다. 예를 들어, 대초원에 사는 소는 종종 아주 추운 겨울에도 야외에 있다. 판자울타리는 때로는 동물들에게 바람 부는 날 피난처를 제공한다. 그러나 이러한 울타리는 단단하지 않고 판자 사이에 몇 센티나 그 이상의 틈이 있다. 이 울타리는 더 나은 피난처를 제공하려는 것이 아니라, 구멍이 많은 바람막이가 넓은 지역에서 바람의 속도를 줄여주는 것임을 일전의 방풍림에 대한 논의를 통해 알고 있다. 그래서 이

구멍 많은 울타리는 실제로 완벽한 울타리보다도 소에게는 더 좋은 피난처로 이용된다.

기타 적용

생각해봐야 할 응용 예들이 많다. 하나는 부지의 연기와 먼지의 분산이다. 이들은 점원(point-source)과 선적(line-source) 오염물질로서 취급될 수 있으며, 수로나 바람통로를 이용하거나 낙진 비율에 관한 정보 등으로 모형화 할 수 있다. 제안된 설계 조정사항들은 중요한 점으로 오염치를 줄일 수 있는지 없는지를 알기 위해 실험되는 것이다.

또 다른 응용예로서 부지의 소음분산이다. 소리도 점원이나 선원으로서 취급되고 컴퓨터 모델링은 경관의 어느 지점에서 소음을 측정하는데 매우 유용하다. 또한 이것은 경관 내에서 조정효과를 어느 특정수준까지 예측할 수 있다. 이 분야는 지금까지 활발하게 연구되어, 도로와 인접한 도시주택이나 채석장과 같은 공장 근처의 시골주택 등에 많은 도움을 주고 있다.

요약

미기후조작은 조경설계의 한 부분 또는 통합적인 설계로 받아들이는 데는 여러 가지 선택해야 할 것들이 있다.

여러분이 배운 정보는 때때로 경관설계나 계획과정에 적합하다. 또한 어떤 경우에는 설계를 보강하거나 관리절차를 결정하는데 아주 효과적으로 사용할 수도 있다.

- **미기후는 여전히 정확성이 부족한 과학이므로 가능한 한 최선의 미기후를 설계할 때 항상 사람들이 원하는 대로 경관을 수정할 수 있는 여지를 두어야 한다(파라솔, 이동식 트렐리스 등과 같은 선택 범위를 제공하라).**

생각해볼 것

1. 기후정보(자료)가 실제로 A씨 부부(6장 2번)를 위한 데크의 위치와 세부설계를 결정하는데 필요한가? 뜰에 대해서는(1장 1번)? 스케이트장에 대해서는(4장 2번)? 공원 통과도로에 대해서는(4장 7번)?
2. 만일 특정한 자료 분석을 위해 기후자료를 요구한다면 필요한 자료는? 마당문제에 대해서? 스케이트장에 대해서?
3. 만일 기상대가 공식적으로 사용하기 시작한 도구를 고안한다면 무엇을 측정할 것인가? 그 이유는?

부록

부록 A　A. 쾌적식(COMfort FormulA)을 이용한 사람의 열 쾌적성에 대한 계량화 – COMFA

옥외 환경에서의 사람의 열 쾌적성은 에너지 평형식으로 계량화할 수 있다. 이는 기본 COMFA식을 이동하여 계산할 수 있다.

$$\text{평형(Budget)} = M + R_{abs} - Conv - Evap - TR_{emitted}$$

여기서, M : 체온 상승에 따른 신진대사량
R_{abs} : 태양복사와 지구복사 흡수량
$Conv$: 대류로 인한 체감적 열 손실이나 습득량
$Evap$: 증발로 인한 열 손실량
$TR_{emitted}$: 지구복사의 방출량

평형 값이 0에 가까우면 사람은 열 쾌적한 상태라고 생각할 수 있다. 만약 이 평형 값이 **플러스(+)**의 값을 나타내면 사람은 손실된 에너지보다 많은 양의 에너지를 흡수하므로 과열되어 덥다고 느낀다. 반대로 **마이너스(-)**의 값을 나타내면 사람은 춥다고 느낄 것이다.

COMFA의 각 항목은 다음 절의 방정식으로 설명할 수 있다. BASIC 프로그래밍 언어로 작성된 전체 식은 부록의 마지막 부분에 수록하였다.

신진대사에 의한 열발산 (Metabolic Heat Production–M)

인체 내에서 생성되는 신진대사 총열량($M^{\star}$)은 신체에 두 가지 경로로 이용된다. 즉,

(1) 작은 부분(f)은 물의 증발과 열 손실을 통해 숨 쉬는 동안 소비되고,
(2) 나머지 부분은 신체의 외피에 작용하여 최종적으로 대류, 증발, 복사를 통해 손실된다.

다음 식은 이와 같은 열손실을 설명한다.

$$f = 0.150 - 0.0173e - 0.0014(T_a)$$

여기서, e : 기온의 포화 수증기압

T_a : 기온(℃)

$M = (1-f) \times M^{\star}$

$M^{\star}$ 값은 활동 수준에 따른 값이다. 대표적인 활동값은 표 A.1에 나타내었다.

표 A.1 활동선택에 따른 신진대사율($M^{\star}$)

	$M^{\star}$(W/m^2)
수면	50
깨어있거나 휴식	60
서있거나 앉아 있는 상태	90
책상에서 일하거나 운전하는 경우	95
서있거나 가벼운 작업	120
천천히 걸음(4 km/hr)	180
보통 걸음(5.5 km/hr)	250
짧은 시간 동안 강한 활동	600

태양복사와 지구복사흡수량 – R_{abs} (Absorbed Solar and Terrestrial Radiation – R_{abs})

R_{abs}값은 여러 방법으로 계산할 수 있는데 부록 B에 나타낸 바와 같이 4가지로 개략화 할 수 있다. 즉,

(1) 부지에 도달하는 태양과 지구 복사량을 **측정**하거나, 가까운 측후소의 자료를 이용하여 인간에게 어느 정도 흡수되었는가를 **계산**한다.
(2) 방정식을 이용하여 부지에서 사람이 흡수한 복사량(경관설계에 가장 유용한)을 방정식을 이용하여 계산하고,
(3) '복사고온계'를 사용하여 R_{abs}값을 계산하거나,
(4) 수관의 투과성을 고려하여 수목 아래 부분의 복사량을 측정하는 방법

이 있다.

대류에 의한 열의 손실 또는 습득 – $CONV$ (Convective Heat Gain or Loss – $CONV$)

인체 내부에서 대기로 전달되는 열은 신체와 옷을 거쳐 최종적으로 신체를 둘러싼 공기의 경계부를 통과해야 한다. 이와 같은 열 흐름 방정식은 다음의 식으로 나타낼 수 있다.

$$CONV = 1200 \times (T_c - T_a)/(r_t + r_c + r_a)$$

여기서, T_c : 인체 내부의 온도(℃)
r_t : 인체 세포의 열 흐름 저항력
r_c : 옷의 저항력
r_a : 신체 주변 경계부의 저항

다음의 식에 이 값들을 대입하면,

$$T_c = 36.5 + (0.0043) \times M$$

$r_t = -0.1 \times (M^{\star}) + 65$

$r_a = 0.17 \times (A \times \mathrm{Re}^n \times \mathrm{Pr}^{0.33} \times k)$

$r_c = r_{co} \times \ [1 - (0.05P^{0.4} \times W^{0.5})]$ $W > 0.7\mathrm{m/s}$ 일 때

$= r_{co}$ $W < 0.7\mathrm{m/s}$ 일 때

여기서, r_{co} : 옷의 단열값(s/m)

P : 직물의 공기 투과성

Re : Renold상수 $= WD/v$(이 경우 상수값 11,333× W)

Pr : Prandtl상수 ≒ 0.71

D : 인체의 지름

W : 대기 중 풍속(m/s)

v : 동적 점성도(kinematic viscosity)

k : 공기의 열 전도력= 0.0301

일반적인 옷차림에 대한 의복단열값(r_{co})과 의복의 공기투과력(P)값은 <표 A-2>와 같다.

표 A.2 COMFA식에 적용하기 위한 일반적 의복의 단열 값과 투과율

	r_{∞}	P
A : 티셔츠, 반바지, 양말, 운동화	50	175
B : 티셔츠, 긴 바지, 양말, 신발 또는 구두	75	150
C : 티셔츠, 긴 바지, 양말, 신발, 방풍림	100	100
D : 셔츠, 긴 바지, 양말, 신발, 방풍림	125	65
E : 셔츠, 긴 바지, 양말, 신발, 스웨터	175	125
F : 셔츠, 긴 바지, 양말, 신발, 스웨터, 방풍림	250	50
r_{∞} : 단열값(s/m)		
P : 의복의 총합적 투과율		

지구복사의 방출량 계산 – $TR_{emitted}$ (Emitted Terrestrial Radiation – $TR_{emitted}$)

사람이 방출하는 지구복사량은 다음의 식으로 계산한다.

$$TR_{emitted} = 5.67 \times 10^{-8} \times (T_s + 273)^4$$

여기서, T_s는 인체의 피부 온도이며 다음의 식으로 산출한다.

$$(T_s - T_a)/r_a = (T_c - T_a)/(r_t + r_c + r_a)$$

증발로 인한 열 손실 – $EVAP$ (Evaporative Heat Loss – $EVAP$)

증발로 인한 열 손실은 호흡과 발한 작용을 통해 일어난다. 호흡으로 인한 열손실은 M으로 표시한다. 발한 작용은 피부를 통해 지각되지 않는 손실(E_i)과 발한 작용을 통해 지각된 손실(E_s)로 구분할 수 있다. 다음의 식을 사용한다.

$$E_s = 0.42 \times (M - 58)$$

그리고

$$E_i = 5.24 \times 10^6 \times (q_s - q_a)/(r_{cv} + r_{av} + r_{tv})$$

여기서, 수증기의 저항력은 'v'로 나타내고, q_s와 q_a는 체온(T_s)의 특정 포화 습도와 대기의 이슬점 온도(T_s)로 하여, 다음의 식에 적절한 온도를 대입하여 계산한다.

$$q = 0.6108 \times \{ \exp[(17.269 \times T)/(T + 237.3)] \}$$

앞서 설명한 표면온도를 계산하는 방법과 비슷하게 피부온도 (T_k)를 감안한 일련의 저항 아날로그식은 다음과 같다.

$$(T_k - T_a)/(r_a + r_c) = (T_c - T_a)/(r_t + r_c + r_a)$$

r_{tv}값에 7.7×10^{-3}을 대입하고, r_{av}값에는 $0.92 \times r_a$를 대입한다. $r_{cv} = r_c$라고 가정하면 총 증발량은 간단히

$$Evap = E_i + E_s$$

어떤 점에서는 공기 중의 습도가 너무 높아 사람이 쾌적감을 유지할 수 있을 정도로 피부 표면에서 쉽게 땀이 나지 않는 경우가 있다. 최대증발량(E_m)은 다음의 식으로 계산한다.

$$E_m = 5.24 \times 10^6 \times (q_s - q_a)/(r_{cv} + r_{av})$$

에너지 평형식에서는 낮은 E 또는 E_m값을 사용한다.

모델을 실행하려면 컴퓨터 프로그램을 작성하여 컴퓨터가 요구하는 간단한 정보를 입력한다. 모든 값은 미터 단위이다(℃, m, Watt 등).

식에 의해 산출된 값은 '평방미터 당 와트(W/m^2)'의 단위로 이는 <표 A.3>에 따라 대략적인 쾌적지수로 변환할 수 있다.

표 A.3 에너지 평형값을 인간의 쾌적수준으로 변환

평형값(W/m^2)	해석(평가)
평형값 < −150	아주 따뜻해지기를 원함
−150 < 평형값 < −50	따뜻해지길 원함
−50 < 평형값 < 50	변화를 바라지 않음
50 < 평형값 < 150	조금 시원해지기를 원함
150 < 평형값	아주 시원해지기를 원함

COMFA의 BASIC프로그램

컴퓨터에 아래의 프로그램을 입력한 후 실행한다. 컴퓨터는 필요한 정보를 요구하고 주어진 미기후조건에 대한 '쾌적평형값'을 산출할 것이다.

```
 10  INPUT “Metabolism (W/m2) =”; M
 20  INPUT “Air Temperature (C) =”; T
 30  INPUT “Wind speed (m/s) =”; W
 40  INPUT “Insulation value of clothing (s/m) =”; C
 50  INPUT “Permeability of clothing =”; P
 60  INPUT “Relative Humidity (%) =”; RH
 70  INPUT “R(abs) in (W/m2) =”;R
 80  H = H/100
 90  B = (-.1*M)+65
100  E=0.6108*(EXP((17.269*T)/(T+237.3)))
110  F=(0.15-(0.0173*E)-(0.0014*T)
120  J=36.4+((0.0043)*M)
130  G=J-(((1-F)*B*M)/1200)
140  X=11333*W
150  IF X<4000 GOTO 180
160  IF X<40000 GOTO 190
170  Y=0.0266: Z=0.805:GOTO 200
180  Y=0.683: Z=0.466: GOTO 200
190  Y=0.193:Z=0.618
200  N=204/(.0214*Y*(X^Z))
210  K=C*(1-(0.05*(W^.5))*(P^.4))
220  Q=1200*((G-T)/(N+K))
230  X=T+(N*((G-T)/(N+K)))
240  O=0.8*((.95*5.67E-08)*((X+273)^4))
250  X=0.6108*(EXP((17.269*G)/(G+237.3)))
260  Y=5240000*(X-E)/((7700+K+(.92*N))*(G+237.3))
270  U=Y*((7700+K+(.92*N))/(K+(.92*N)))
280  V=0.42*(M-58)
290  IF V>0 GOTO 310
300  V=0
310  Y=Y+V
320  IF Y<U GOTO 340
330  Y=U
340  S=(R+((1-F)*M))-(Y+Q+O)
350  PRINT “BUDGET = ”;S
360  END
```

부록 B 경관 내에서 인간이 흡수한 복사량 평가

B.1 기상대의 측정방법을 이용한 복사량 평가

사람에게 태양과 지구복사의 균형유지에 대하여 각각 분리하여 설명할 수 있는 모델들이 있다. 인간이 받는 총복사량은 두 가지 요소로 구성된다. 즉, (a) 총 태양복사흡수량 K_{abs}에 (b) 흡수된 지구 복사흡수량 L_{abs}를 합하거나

$$R_{abs} = K_{abs} + L_{abs}$$

로 나타낼 수 있다.

경관 속의 사람을 구안의 수직 원통으로 가정하여 모델화할 수 있다(그림 B.1). 위쪽 반구는 일반적으로 하늘과 지표 위의 물체에 좌우되지만, 아래쪽 반구는 지표면과 지표에 접한 물체에 좌우된다.

그림 B.1
경관 속의 인간에 대한 구의 영향

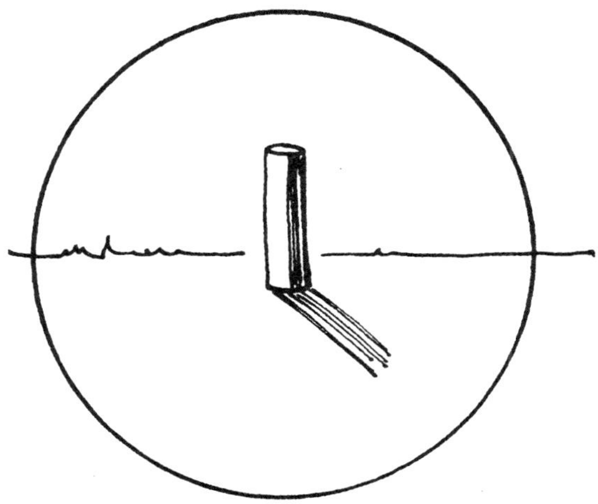

태양복사 모델

사람이 흡수하는 태양복사량은 먼저

(a) 수관을 투과한 직사광선량 T
(b) 직사광선의 대기확산량 D
(c) 대기 내의 수목이나 다른 물체가 반사한 복사량 S
(d) 지표가 반사한 복사량 R

을 합하여 사람이 흡수한 복사량을 계산할 수 있다(그림 B.2). 흡수한 총량은 인간이 흡수한 태양복사량의 총량에 (1－알베도)를 곱하여 계산한다.

$$K_{abs} = (T + D + S + R) \times (1 - A)$$

그림 B.2
태양에서 인간에게 도달하는 태양복사 경로모델

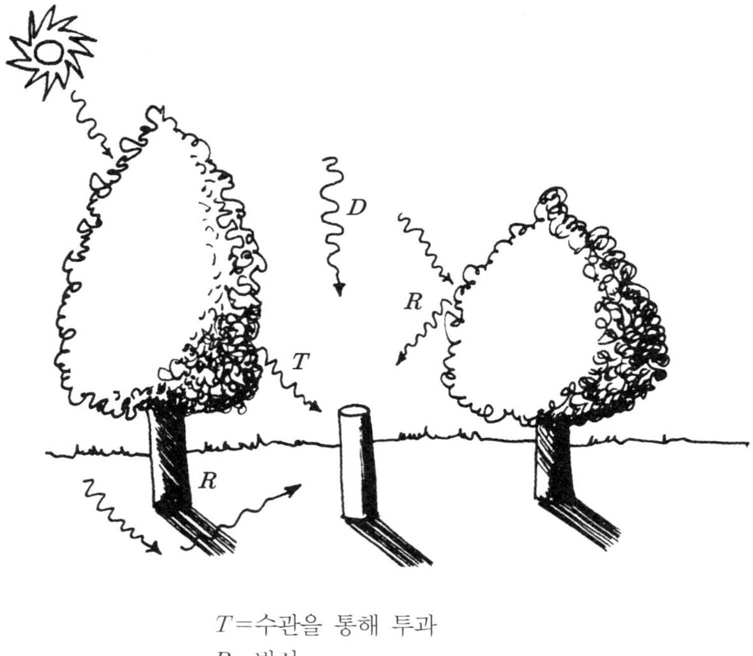

T=수관을 통해 투과
R=반사
D=분산

일반적으로 인간의 알베도값은 대략 유럽인들은 0.35이고, 흑인들은 0.18이다. 더구나, 인간이 흡수한 복사량은 피부보다는 의복의 알베도에 좌우된다. 이 모델에서는 여러 연구자가 제시한 결과에 따라 옷을 입은 사람의 알베도 값으로 0.37을 사용한다.

이 방정식의 각 요소들은 다음의 여러 방정식으로 추산된다.

a. 잎이 무성한 수관 아래의 태양 복사전도율 t와 사람이 직접 흡수하여 전도된 태양 복사량 T는 다음의 순서로 계산된다. 즉, (1) 나무까지 직접 도달한 태양 복사량을 계산하려면 맑은 하늘일 때 기상대 근처의 평탄한 지역에서 측정된 총 태양복사량 K에서 산란된 태양복사량 K_d를 뺀다. (2) 이 값을 태양의 고도각인 tan값으로 나누고 이 값을 다시 π로 나누면 수직 원통이 흡수한 복사량이다. 마지막으로, (3) 태양과 사람사이에 수목이나 다른 물체에 의해 전도된 태양복사의 입사방사선 비율(proportion of incident radiation)인 t를 곱한다. 따라서

$$T = \{ [(K - K_d)/\tan e] / \pi \} \times t$$

산란된 복사량은 맑은 하늘일 때 K값의 10%로 계산한다.

b. 인간이 흡수한 산란 구성요소 D(맑은 하늘일 때)는 이용 가능한 산란복사량 K_d에 나무나 다른 물체가 차단하지 않은 하늘반구(sky hemisphere)의 비율인 하늘관찰요소(sky view factor, SVF)를 곱하여 계산한다.

$$D = K_d \times \mathrm{SVF} = 0.1 \times K \times SVF$$

c. 임의의 산란복사량 S는 인간의 머리 위쪽 하늘반구에 있는 물체로부터 반사된다. 이는 장애물로 차단된 하늘의 비율 $(1-\mathrm{SVF})$에 이용 가능한 산란복사 K_d를 곱하여 계산한다. 그런 다음, 이 값에 하늘반구의 장애물이 갖는 알베도값 A_o를 곱한다.

$$S = [K_d \times (1-\mathrm{SVF})] \times A_o$$

d. 사람이 서 있는 지표면으로부터 반사된 태양 복사량 R은 사람의 위쪽에서 태양복사가 반사된 지점과 태양 사이의 하늘반구에 있는 물체의 전도율 t에 K를 곱하여 산출한다. 이 값에 지표면의 알베도값 A_g를 곱한다.

$$R = K \times t \times A_g$$

t값은 0.15(전나무) – 0.75(버드나무)까지의 범위를 갖는다. 지면의 알베도 값은 통상 0.09를 적용한다.

지구복사 모델

사람이 흡수한 지구복사는 태양복사 모델과 비슷한 방법으로 모델화할 수 있다. 즉, 구속의 원통과 같이 구의 모든 부분은 동일한 영향을 갖는다(그림 B.3). 하늘반구에서 받는 지구복사량은 총 대기복사 V에 하늘반구의 물체가 흡수한 복사량 F를 합한 것이다. 지표반구로부터 지구복사는 단순히 지표면의 지구복사 G

그림 B.3
환경에서 인간에게 도달하는 지구복사 경로 모델

S=하늘 복사
E=지상 물체들에서 발산
G=지면에서 발산

이다. 총계에 인간의 방사율 E를 곱한 값은 대략 0.98이다.

$$L_{abs} = \{[0.5 \times (V + F)] + (0.5 \times G)\} \times E$$

여기서, 0.5는 하늘과 지표반구 모두를 계산에 넣은 것이다. 이 방정식의 각 값은 다음의 식에 따라 계산한다.

a. 하늘이 방출한 지구복사량 L값, 즉 인간이 받는 복사량 V는 하늘의 가시권 비율인 하늘 관찰요소(SVF)에 따른다.

$$V = L \times \mathrm{SVF}$$

L값은 절대온도(kelvin) T_a(섭씨온도에 +273)에 근거하여 경험적으로 계산할 수 있다.

$$L = (1.2 \times E \times [5.67 \times 10^{-8}] \times T_a 4) - 171$$

b. 하늘반구의 물체가 받는 복사량은 각 물체의 온도 T_o값으로 계산할 수 있다.

$$F = (E \times [5.67 \times 10^{-8}] \times T_o 4) \times (1 - \mathrm{SVF})$$

이것으로 하늘반구의 물체가 갖는 기온을 꽤 정확하게 계산할 수 있다.

c. 사람이 받은 지표면의 복사 G는 지표의 온도 T_g로 계산할 수 있다.

$$G = (E \times [5.67 \times 10^{-8}] \times T_g 4)$$

이로써 완전한 BASIC 컴퓨터 프로그램을 작성할 수 있다. 이 프로그램을 컴퓨터에 입력하여 여러 미기후조건에서 사람이 받는 복사량을 계산하는데 사용할 수 있다.

```
10 INPUT "Air Temperature (C) ="; T: TK=T+273.15
20 INPUT "Measured Solar Radiation in the Open
   (W/m2) ="; SWO
30 INPUT "Solar Elevation ="; EL
40 INPUT "Diffuse as % of Measured Solar
   Radiation ="; DIFFP
50 REM  A safe estimate is 10% for very clear skies
60 INPUT "Transmissivity of object(s) between
   person and sun (%) ="; SR
70 REM  For no obstruction use SR = 100; for a
   building use SR = 0
80 SR=SR/100
90 INPUT "Albedo of object(s) in the sky hemisphere
   (%)"; ALBO
100 ALBO=ALBO/100
110 INPUT "Albedo of ground (%)"; ALBGRND
120 ALBGRND=ALBGRND/100
130 INPUT "Albedo of test person (%)"; ALBP
140 REM  We typically use 37% for a clothed person
150 INPUT "Sky View Factor (%)"; SVF
160 SVF=SVF/100
170 DIFFS=DIFFP*SWO/100:DIFFD=DIFFP/100
180 RAD=0.17453293
190 ELRAD=EL*RAD
200 LONGS=(1.2*(5.67E-08*(TK^4)))-171
210 SWPLT=((1-DIFFD)*SWO)/(TAN(ELRAD))
220 SWCYL+SWPLT/3.141592654
230 TOTAL=.98*(5.67E-08*(TK^4))*(1-SVF)
240 REFL=SWO*SR*ALBGRND
250 LGRD=.98*(5.67E-08*(TK^4))
260 LABS=(((TOTAL+(SVF*LONGS))*.5)+(LGRD*.5))*.98
270 KABS=((SWCYL*SR)+(SVF*DIFFS)+DIFFS*(1-SVF)*ALBO)
    +(REFL))*(1-ALBP)
280 RABS=(KABS+LABS)
290 PRINT "Solar radiation absorbed by a person
    (W/m2) ="; KABS
300 PRINT "Terrestrial radiation absorbed by a
    person (W/m2) ="; LABS
310 PRINT "Radiation absorbed by a person (R(abs))
    (W/m2)="; RABS
320 END
```

B.2 측정할 수 없는 복사자료를 이용한 복사량 계산

R_{abs}는 부록 C.1에서 설명한 방법과 같이 기상대에서 조금 떨어진 곳에서 사람이 받는 복사량을 계산할 수 있지만, 지구를 모형화 하여 복사량을 계산할 수 있다. 복사량은 측정하기 어렵고 비용이 많이 드는 반면에 기온은 측정하기가 훨씬 쉽고 비용도 적게 든다.

이 방법은 K값을 계산한 다음, 부록 C.1에서 설명한 모델에 이 값을 대입한다. K는 다음과 같이 계산한다.

a. 태양 상수 $C=1{,}360\ \mathrm{W/m^2}$로 간주한다. 태양에서 지구에 도달하는 복사량은 항상 일정하다.

b. 대기상부의 태양 복사량 K_t는 태양 고도각 sin값 e에 태양 상수값을 곱한 다음, 지구에서 태양까지의 거리를 평균한 값의 제곱 d, 지구에서 태양까지의 순간거리 d_i를 계산한다. 이 값이 주야평균시에 가까운 경우에는 $d/d_i=1$이므로 $K_t = C \times \mathrm{sine}$이다. 주야 평균시에 가깝지 않는 경우에는 실제 값이 필요하다.

c. K_t값은 지표면에 닿기 전에 대기에 의해 수치가 감소한다. 맑은 날의 복사량은 건조한 공기입자, 공기 중의 수증기 등이 반사한 복사량 A_r과 흡수한 복사량 A_a이다. 이 값은 맑은 날의 경우에 대략 $A_r=6\%$, $A_a=17\%$이다. 이 값은 지표면에 도달하는 시간 K_d에 따라 23%의 감소를 나타내므로 $K=0.77\times K_t$이다. 이와 같은 계산방법은 측정도구가 없어도 매우 정확한 값을 산출할 수 있다.

B.3 간단한 '복사고온계'를 사용한 복사량 계산

우리는 옥외환경에서 사람이 흡수하는 복사량을 누구라도 측정할 수 있는 간단한 기구를 고안하였다. 이 '복사계'는 실린더 위쪽에 온도계를 넣은 지름 1.3 cm, 길이 11.0 cm의 황갈색 알루미늄 실린더로 우리는 애칭으로 '난장이(littleman)'라고 부른다(그림 B.4). 실린더의 모양은 서 있는 사람의 모습과 비슷하고 색깔(Munsell 7.5 YR 7/3)은 옷을 입은 사람의 평균 알베도율(37%)과 유사하므로 실제 환경에서 사람이 서 있는 상태와 아주 똑같은 조건으로 태양과 지구 복사를 흡수한다.

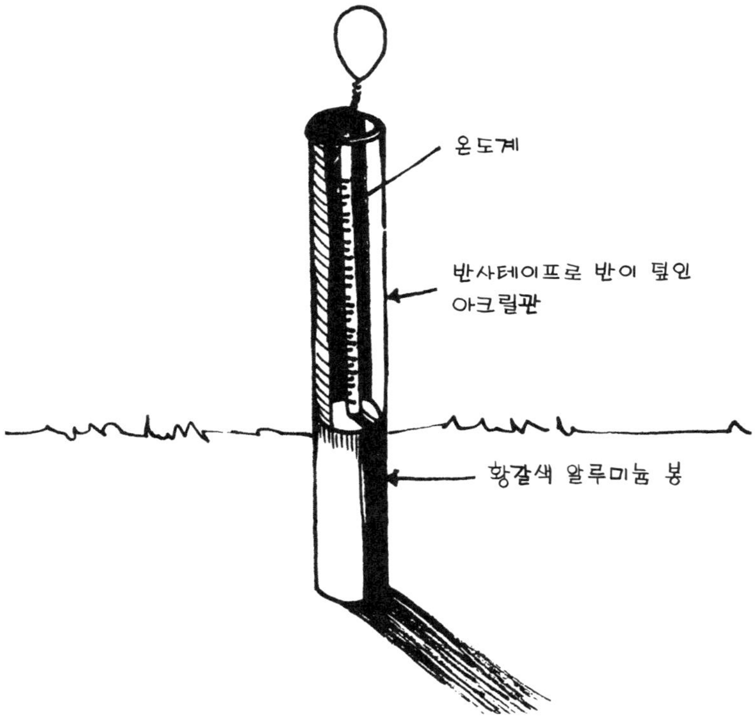

그림 B.4
실린더식 복사계(난장이). 이 복사계는 서있는 사람에서 유추한 것으로 경관 내에서 사람이 받는 태양복사와 지구복사량(R_{abs})을 측정할 수 있다.

수은 온도계를 넣으면 수은구는 알루미늄 실린더의 중간 아래쪽에 위치하므로 열 혼합에 재빠르게 반응하는데 이용된다. 아크릴 관을 사용하였고, 복사로부터 온도계를 보호하기 위해 절반 정도를 절연테이프로 감쌌다.

실린더를 사용하려면 실험 장소에서 가슴 정도의 높이에 걸어두고 온도계의 눈금이 평형이 될 때까지 기다린다. 이때에는 반드시 같은 시간대의 기온과 풍속을 측정해야 한다. 그런 다음 주어진 환경에서 사람이 흡수하는 복사량 R_{abs}를 계산하는데 다음의 식을 사용할 수 있다.

$$R_{abs} = [5.67 \times 10^{-8} \times (T_e + 273)^4] + [(1200) \times (T_e - T_a)/r_m]$$

여기서, r_m : $D/(A \times \mathrm{Re}^n \times \mathrm{Pr}^{.33} \times k)$

Re : Reynolds값 $= V \times D/v$(이 경우 833× W)

Pr : Prandtl 값 = 0.71

D : 실린더의 직경

V : 공기의 자유흐름속도(m/s)

v : 운동속도

k : 공기의 온도 확산계수 = 0.0301과 A 그리고 n은 실린더 속의 열흐름을 실험하여 유추한 경험적인 상수

Re < 4,000일 때 A =0.683이고 n =0.466이다. Re의 값이 4000과 40,000 사이에 있다면 A =0.193로 n =0.618이며, Re > 4,000이면 A =0.0266로 n =0.805이다.

이 방정식을 계산하면 R_{abs}값을 알 수 있으므로 이 값을 COMFA식에 대입하여 사람의 열 쾌적성을 판단할 수 있다.

R_{abs}를 계산하는 방정식을 BASIC 언어로 작성한 컴퓨터 프로그램은 다음과 같다.

```
 10  INPUT "Air Temperature (C) ="; T
 20  INPUT "Wind Speed (m/s) ="; W
 30  INPUT "Temperature of Radiation Thermometer
     (C) ="; A
 40  L=(((273+A)^4)*.95)*5.67E-08
 50  X=833W
 60  IF X<4000 GOTO 90
 70  IF X<40000 GOTO 100
 80  Y=0.0266:Z=0.805:GOTO 110
 90  Y=0.683:Z=0.466:GOTO 110
100  Y=0.193:Z=0.618
110  I=15/(0.0214*Y*(X^Z))
120  D=(1200*(A-T))/I
130  RABS=(D+L)*0.8
```

B.4 경관 내 수목 아래에서의 복사량 계산

경관 내 수목 아래에서 사람이 받는 복사량의 계산은 B.1절에서 개략적으로 살펴보았으나, 정확하게 계산하려면 추가요소가 필요하다. 나뭇잎 등은 눈에는 보이지 않는 근적외선, 태양광선을 투과시킨다. 계산식에는 이들 요소를 고려하지 않았지만, 햇볕이 아주 강한 날씨에 잎이 무성한 낙엽수 아래에 있는 사람에게는 중요한 요소이다.

이 요소는 다음의 몇 가지 단계로 간단하게 계산할 수 있다.

1. 여름의 수관밀도에 겨울의 수관밀도를 뺀다. 예를 들어, 겨울철 수목사진(소지와 가지 포함해서)은 45%의 밀도를 나타내나 여름철 수목사진은 75%의 밀도를 나타낸다. 이 차이(75% − 45% = 30%)는 단지 잎이 차지한 수관의 양이다.
2. 이 값에 수관에 도달한 태양복사량을 곱한 다음, 수목에 도달한 총 태양복사량 중 적외선 복사비는 50% 정도이므로 잎을 통과하리라고 기대되는 적외선 복사비는 40% 정도이다.

3. 2단계에서 계산된 총량에 사람을 과열시키는 복사량, 즉 사람에게 도달한 태양복사의 양을 더한다.

이와 같이 자외선 복사량을 추가하는 경우에는 인간이 받는 태양복사량은 23%에서 38%로 햇볕이 강하게 내리쬐는 날씨에는 크게 증가한다.

부록 C. 경관에서 바람측정

C.1 기상대 근처의 개방지에서 측정한 자료

기상대에서 측정한 바람자료는 지상 10 m에서 기구를 이용하여 측정한 자료이다. 동일한 지표상의 일정한 높이에서 바람은 이른바 바람대수(Logarithmic Wind Profile)를 이용하여 여러 높이에서 바람의 속도를 쉽게 측정할 수 있다. 지상 10 m 높이의 바람측정에 사용되는 일반적인 계산식은

$$W(z) = U_{10} \times \{ [\ln(z/z_{os})] / (\ln 10/z_{ow}) \}$$

여기서, z : 알고자 하는 바람의 지면 높이

U_{10} : 기상대 10 m의 높이에서 측정한 풍속 (일반적인 측정 높이)

z_{os} : 측정지역의 식생높이에 기초한 상수 ($z_{os} = 0.13 \times$ 식생높이)

z_{ow} : $0.13 \times$ 기상대 주변의 식생높이 $= 0.13 \times 0.1$ m 0.013

우리는 때로 지표 1.5 m 높이에서 바람을 측정할 필요가 있으며, 이는 다음의 식으로 계산할 수 있다.

$$W(1.5) = U_{10} \times \{ [\ln(1.5/z_{os})] / 6.65 \}$$

C.2 유공성이 있는 방풍림 뒤쪽

일단 지상 1.5 m에서 바람을 계산하였으면, 방풍림에 부딪히는 공기의 자유흐름속도를 고려해야 한다. 만약 방풍림에 도달하는 바람의 속도가 3 m/s라면 그래프나 다이아그램으로 작성(예로서, 그림 7.3이나 7.4를 참조)하지 않더라도 모든 바람의 비율에 단순히 이 값을 곱하면 된다.

예를 들어, 바람이 50%인 지역이 있다면 풍속은 대략 1.5 m/s 이므로 이 값을 사람의 열 쾌적성을 판단하는데 사용할 수 있다.

C.3 울창한 숲속

만일 울창한 숲 속이라면 그림 7.6의 그래프를 이용할 수 있다. 이 방법 외에 기상대 근처의 바람 측정자료만 사용하여 수관아래의 풍속을 합리적으로 측정할 수 있는 방정식이 있다. 이 방정식은 두 단계로 이루어진다. 1단계는 수관의 높이나 수관 위쪽의 20% 지점의 풍속을 계산하는 과정으로,

$$W_z = W_{CT} \times [3 \times (1 - (z/CT)]^{-2}$$

여기서, z : 이미 계산한 높이

CT : 수관 최상부의 높이

지표에서 20% 지점의 풍속은 다음의 식으로 계산할 수 있다.

$$W_z = W_{CT/5} \times [\ln(z/z_o)/\ln(CT/5 \times z_o)]$$

여기서, z_o : 일반적으로 대략 0.05m

참고문헌

Ahrens, C. D. 1994. Meterology Today, 5th Edition. West Publishing Company. 591pp.

Geiger, R. 1965. The Climate Near the Ground. Havard University Press, Cambridge, Massachusetts. 611pp.

Lowry, W. P. 1988. Atmospheric Ecology for Designers and Planners. Peavine Publication, McMinnville, Oregon. 435pp.

McPherson, E. G.(Ed.). 1984. Energy-Conserving Site Design. American Society of Landscape Architects. 326pp.

Marsh, W. M. 1991. Landscape Planning Environmental Application. John Wiley & Sons, Inc, New York. 340pp.

Oke, T. R. 1987. Boundary Layer Climates, 2nd Edition. Methuen & Co., Ltd., London. 435pp.

Sellers, W. D. 1965. Physical Climatology. The University of Chicago Press, Chicago & London. 272pp.

찾아보기

저자소개

· Robert D. Brown
캐나다 겔프(Guelph)대학 조경학과 교수
겔프대학 조경학 석사 및 박사

· Terry J. Gillespie
캐나다 겔프(Guelph)대학 토지자원학과 교수
겔프대학 기상학 박사, John Bell 교육상
캐나다 우수 교수상 수상

역자소개

· 김봉원(金奉元) kimbone@empal.com

현재_ 한국지역경제연구원 원장, 지역발전위원회 평가자문단, 고용노동부 중앙고용자문단
배재대학교·경기대학교·성균관대학교 겸임교수·강사, 성균관대학교 공학박사

저서_ 환경설계연구의 향방(1997), 소쇄원 : 긴담에 걸린 노래(1998)
조경계획 및 토지이용계획을 위한 경관생태학(2000, 2006),
인간중심적 자연환경의 설계(2001),
퇴계 : 고인도 날 못보고 나도 고인 못 뵈(2002), 좋은 장소를 만드는 방법(2008),
그린조경학(2009, 2011), 지역은 살아 움직인다(2011),
희망을 가꾸는 농촌마을이야기 3(2011)

· 이시영(李時榮) sylee@pcu.ac.kr

현재_ 배재대학교 조경학과 교수, 미) Cornell University 조경학과 연구교수(2011)
미) Cornell University 조경학 석사, 연세대학교 건축공학 석사
경희대학교 이학박사

저서_ 조경설계 Notebook(2002), 건축과 디자인(2007), 랜드스케이프 디자인(2008)

MICROCLIMATIC LANDSCAPE DESIGN

친환경 조경설계

정가 14,000원

인 쇄 2012년 3월 2일 초판 1쇄
발 행 2012년 3월 10일 초판 1쇄
저 자 Robert D. Brown · Terry J. Gillespie
역 자 김봉원 · 이시영
발행인 정우용
발행처 도서출판 동화기술
경기도 파주시 문발동 파주출판도시 500-13(광인사길 201)
Tel (031)955-4211~6 donghwae@kornet.net
Fax (031)955-4217 www.donghwapub.co.kr
(등록) 1977년 12월 19일/9-16호

ISBN 978-89-425-1686-5